常用软件基础

CHANGYONG RUANJIAN JICHU

覃 艳／著

U0302095

四川大学出版社

责任编辑:曾 鑫
责任校对:梁 平
封面设计:墨创文化
责任印制:王 炜

图书在版编目(CIP)数据

常用软件基础 / 覃艳著. —成都:四川大学出版
社,2014.3
ISBN 978-7-5614-7551-5

Ⅰ.①常… Ⅱ.①覃… Ⅲ.①软件-基础知识
Ⅳ.①TP31

中国版本图书馆 CIP 数据核字(2014)第 037487 号

书名 常用软件基础

著 者 覃 艳
出 版 四川大学出版社
地 址 成都市一环路南一段 24 号 (610065)
发 行 四川大学出版社
书 号 ISBN 978-7-5614-7551-5
印 刷 成都蜀通印务有限责任公司
成品尺寸 185 mm×260 mm
印 张 7.25
字 数 176 千字
版 次 2014 年 3 月第 1 版
印 次 2015 年 2 月第 2 次印刷
定 价 26.00 元

◆读者邮购本书,请与本社发行科联系。
　电话:(028)85408408/(028)85401670/
　(028)85408023　邮政编码:610065
◆本社图书如有印装质量问题,请
　寄回出版社调换。
◆网址:http://www.scup.cn

前　言

　　本书从实用出发，从众多的工具软件中精选出最常用、最实用和最具代表性的工具软件来讲解，所涉及的软件均采用目前流行的、覆盖面宽的版本。本书采用任务驱动的方式，便于自学；书中穿插必要的理论知识，以加强对工具软件的理解和掌握，突出应用。

　　全书共11章，主要内容包括计算机安全防护工具、浏览器与搜索引擎、即时通信工具、电子邮件、文件压缩工具、下载工具、电子阅读工具、多媒体播放工具、网络媒体播放工具、图形图像处理工具、翻译工具等。

　　通过对一系列任务的练习，学习者可以很快地掌握常用工具软件的主要功能和相关知识，从而提高计算机应用的整体水平，轻松地应对日常使用中出现的各种问题。本书正是以培养计算机应用与软件技术领域的技能型紧缺型人才为出发点，充分考虑到现阶段民族学生的特点，强调从零起点培养，并选取时效性、应用性较强的工具软件开发课程内容，力争在精选并拓宽内容的同时，加强学生创新能力和应用能力的培养。

　　由于作者的水平有限以及软件的不断升级换代，书中难免有不妥之处，敬请读者批评指正。

作　者
2014 年 2 月

目　录

第1章　计算机安全防护工具

1.1　计算机病毒基本知识

1. 什么是计算机病毒

通常我们讲的计算机病毒是附着于程序或文件中的一段计算机代码，它可在计算机之间传播，其特征是不断地复制自己。当感染病毒的软件运行时，这些恶性程序向计算机软件添加代码，修改程序的工作方式，从而获取计算机的控制权，或者进行相应的恶意操作。

在互联网兴起前，主要的恶意程序代码就是病毒。随着信息技术的飞速发展，互联网突破地域限制将世界联系到了一起，在享受科技发展带来的便利的同时，网络也给人类带来前所未有的计算机安全威胁，这些威胁包括病毒、蠕虫、木马、间谍软件、恶意广告、风险软件、玩笑程序、黑客工具、网络攻击、网络钓鱼、垃圾邮件等。我们将防范上述以及其他一些危害计算机安全的恶意程序的行为，纳入通俗的说法中——防范病毒。

2. 计算机病毒的传播途径及特征

随着互联网的发展，病毒主要通过互联网进行大量的传递、散播或复制，而网络为其传播提供了极大的便利。也有些病毒是通过传统移动存储介质（例如 U 盘）进行传播，不过其传播的范围、速度与破坏力远低于通过互联网传播的行为。

计算机系统在感染病毒后会有一些明显特征，如果发现以下异常情况，那么计算机系统很可能感染了病毒，例如：

● 屏幕上显示一些奇怪的信息和图片

● 光驱托盘莫名其妙的弹出

● 程序自动打开

● 在未经授权的情况下，有程序试图访问互联网

● 朋友或熟人告诉用户收到了用户从来没有发送过的电子邮件

● 用户的收件箱内收到了大量没有发送地址和主题的邮件

下面这些情况，有可能是由于感染病毒引起的，也可能是由误操作和软硬件故障引起的。

● 系统频繁死机

● 程序速度运行变慢
● 系统无法启动
● 文件和目录丢失或内容被未经授权更改
● 硬盘被频繁访问，硬盘灯狂闪
● 浏览器无法使用或自动打开

3. 计算机病毒的危害

在计算机个人应用领域中，病毒经常对数据信息进行直接破坏，例如格式化磁盘、改写文件分配表和目录区、删除重要文件或者用无意义的"垃圾"数据改写文件、破坏CMOS设置、抢占系统资源、干扰系统运行、影响计算机速度，甚至获得计算机的完整控制权——被控制的计算机可能会成为"僵尸"网络的一部分，黑客用它们来进行网络攻击，发送垃圾邮件或用来传播新的病毒，拖慢网络和机器的运行速度；窃取用户的信用信息，造成更严重的经济损失。

在计算机商业应用领域中，病毒窃取或泄漏商业机密、损害公司声誉、影响公司的生产经营，所造成的损失是无法估计和衡量的。

如何保护信息安全是非常重要的，通常情况下，一个典型的系统需要一套杀毒软件和一套防范网络攻击的防火墙软件，通常我们使用杀毒软件查杀感染了病毒的文件，但更重要的是做好防止病毒入侵的工作。下面为大家介绍三款杀毒软件：360杀毒、金山毒霸、瑞星杀毒软件。

1.2 360 杀毒软件

1. 360 杀毒软件简介

360杀毒无缝整合了来自罗马尼亚的国际知名杀毒软件BitDefender（比特梵德）病毒查杀引擎、国际权威杀毒引擎小红伞（4.0正式版可选同时开启小红伞和BitDefender两大知名反病毒引擎）、360QVM第二代人工智能引擎、360系统修复引擎，以及360安全中心潜心研发的云查杀引擎。五大引擎智能调度，为用户提供完善的病毒防护体系。

360杀毒可以在第一时间防御新出现的病毒、木马。它完全免费，无需激活码，轻巧、快速、不卡机，适合中低端计算机系统。360杀毒采用"SmartScan"智能扫描技术，其扫描速度很快，能为用户的电脑提供全面保护，二次查杀速度极快。在各大软件站的软件评测中屡屡获胜。迄今，360杀毒是国内唯一包揽VB100、AV-C、AV-Test以及Checkmark权威认证"四大满贯"的杀毒软件。艾瑞数据显示，360杀毒月度用户量已突破3.7亿，在个人版杀毒市场份额大幅领先。

2. 360 杀毒软件安装与使用

要安装360杀毒，首先请通过360杀毒官方网站http://sd.360.cn/下载最新版本的360杀毒安装程序。

我们既可以通过官方首页的【正式版】按钮进行下载，也可以通过首页上方的【下载中心】进行下载。现在就以下载好的 360 杀毒 5.0 正式版为例进行安装。

🔍**任务 安装与使用** 360 **杀毒软件**

1. 安装 360 杀毒软件

双击安装文件 360sd＿std＿5.0.0.4113D.exe，得到如图 1-1 所示的安装界面，勾上【我已阅读并同意许可协议】，通过【自定义安装】可以选择将 360 杀毒安装到指定目录下，建议用户按照默认设置即可。点击【立即安装】，安装程序会开始复制文件，文件复制完成后，会显示安装完成窗口，如图 1-2 所示，360 杀毒就已经成功地安装到用户的计算机上了。

图 1-1 360 杀毒安装界面

图 1-2 360 杀毒界面

2. 使用 360 杀毒软件

点击如图 1-2 所示中的【快速扫描】，就弹出如图 1-3 所示快速扫描界面，也可以进行全盘扫描与自定义扫描。

360 杀毒具有实时病毒防护和手动扫描功能，为用户的系统提供全面的安全防护。实时防护功能在文件被访问时对文件进行扫描，及时拦截活动的病毒，在发现病毒时会通过提示窗口警告用户。

360 杀毒提供了四种手动病毒扫描方式：快速扫描、全盘扫描、指定位置扫描及右键扫描。

快速扫描：扫描 Windows 系统目录及 Program Files 目录。

图 1-3　360 快速扫描杀毒界面

全盘扫描：扫描所有磁盘。

指定位置扫描：扫描用户指定的目录。

右键扫描：集成到右键菜单中，当用户在文件或文件夹上点击鼠标右键时，可以选择"使用 360 杀毒扫描"对选中文件或文件夹进行扫描。

前三种扫描都已经在 360 杀毒主界面中作为快捷任务列出，只需点击相关任务就可以开始扫描。启动扫描之后，会显示扫描进度窗口。在这个窗口中用户可看到正在扫描的文件、总体进度，以及发现问题的文件。如果用户希望 360 杀毒在扫描完电脑后自动关闭计算机，请选中"扫描完成后关闭计算机"选项。只有在用户将发现病毒的处理方式设置为"自动清除"时，此选项才有效。如果用户选择了其他病毒处理方式，扫描完成后不会自动关闭计算机。

3. 卸载 360 杀毒软件

如图 1-4 所示，在 Windows 的开始菜单中，点击"开始→所有程序→360 安全中心→360 杀毒"，点击【卸载 360 杀毒】菜单项。弹出如图 1-5 所示的卸载界面，单击【确认卸载】，卸载程序会开始删除程序文件，卸载完成后，会提示用户重启系统。用户可根据自己的情况选择是否立即重启。如果用户准备立即重启，请关闭其他程序，保存用户正在编辑的文档、游戏的进度等，点击【完成】按钮重启系统。重启之后，360 杀毒卸载完成。

图 1—4　卸载 360 杀毒方法

图 1—5　卸载 360 杀毒界面

1.3 金山毒霸杀毒软件

1. 金山毒霸杀毒软件简介

金山毒霸（Kingsoft Antivirus）是金山网络旗下研发的云安全智扫反病毒软件。融合了启发式搜索、代码分析、虚拟机查毒等经业界证明成熟可靠的反病毒技术，使其在查杀病毒种类、查杀病毒速度、未知病毒防治等多方面达到世界先进水平，同时金山毒霸具有病毒防火墙实时监控、压缩文件查毒、查杀电子邮件病毒等多项先进的功能。紧随世界反病毒技术的发展，为个人用户和企事业单位提供完善的反病毒解决方案。从2010年11月10日起，金山毒霸（个人简体中文版）的杀毒功能和升级服务永久免费。本书以金山毒霸"悟空"SP6.0为例作介绍，如图1-6所示。

图1-6 金山毒霸首页

"悟空"是金山毒霸2012猎豹的升级版。新毒霸（悟空）实现了"全平台、全引擎、全面网购保护、全新手机管理"的安全矩阵，运行轻巧、快速。

首创电脑、手机双平台杀毒，"全平台"是指电脑和手机两大平台。随着智能手机等移动互联网设备的普及，用户对安全的需求已经从电脑延伸到了手机。媒体曝光了安卓平台上手机病毒泛滥、广告丛生、用户隐私泄露等乱象。针对这一新情况，新毒霸"悟空"SP6.0以"全平台"概念为基础，推出了"手机毒霸"杀毒软件。

金山手机毒霸能查杀当前安卓平台上90%以上的广告。不仅可以拦截通知栏广告，还可以对APP内置的恶意广告进行有效清理，保证用户的良好体验。与其他产品直接删除APP应用不同的是，金山手机毒霸可以单独禁止恶意广告，而不影响程序的正常运行。

2. 金山毒霸杀毒软件安装与使用

通过如图1-6所示的金山毒霸官方网站 http://www.ijinshan.com/下载最新版本

的金山毒霸，现在就以下载好的新毒霸"悟空"SP6.0 为例进行安装。

🔍 任务　安装与使用金山毒霸杀毒软件

1. 安装金山毒霸杀毒软件

双击金山毒霸安装文件 kavsetup140102_99_50.exe，得到如图 1−7 所示的安装界面，勾选【我已经阅读并且同意金山网络许可协议】，可以选择将金山毒霸安装到指定目录下，建议用户按照默认设置即可，点击【立即安装】，安装程序会开始复制文件，文件复制完成后，桌面出现【新毒霸】快捷方式图标，双击该快捷方式，显示金山毒霸杀毒界面，如图 1−8 所示。

图 1−7　金山毒霸安装界面

图 1−8　金山毒霸界面

2. 使用金山毒霸杀毒软件

点击如图 1−8 所示的【一键云查杀】，随后将弹出如图 1−9 所示的快速扫描界面。

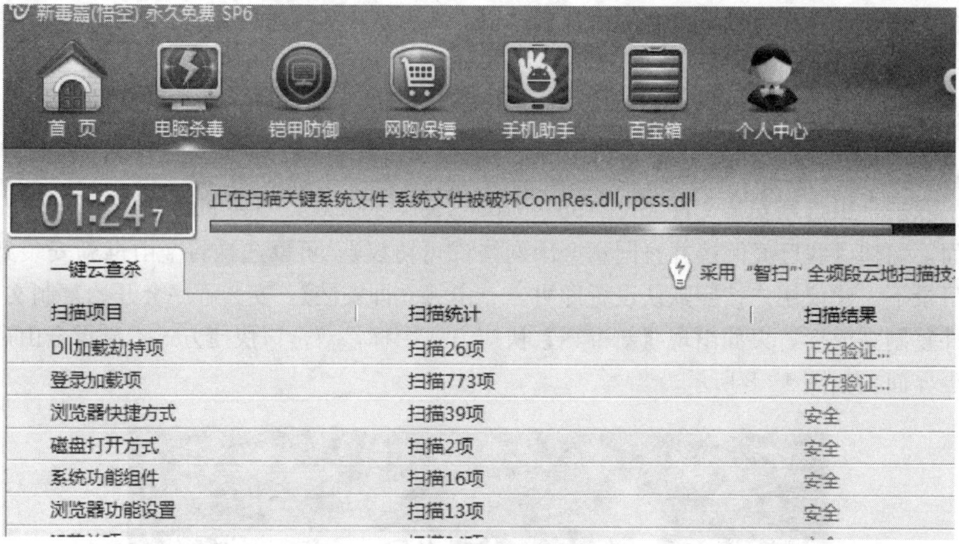

图1-9 金山毒霸一键云查杀界面

金山毒霸提出了"边界防御"的技术理念，它与传统的防病毒技术理念最大的不同，在于"边界防御"强调"不中毒才是最佳安全解决方案"，通过对外界程序进入系统时的监控，在病毒尚未被运行时即可被判定为安全或不安全，从而最大限度地保障对本地计算机的安全防护。

3. 卸载金山毒霸杀毒软件

如图1-10所示，从开始菜单中，点击"开始→所有程序→金山毒霸"，点击【卸载新毒霸】菜单项，在如图1-11所示的界面中选择【卸载毒霸】，然后单击【立即卸载】，即可卸载金山毒霸。

图1-10 卸载金山毒霸方法

图 1-11　卸载金山毒霸界面

1.4　瑞星杀毒软件

🔍 任务　安装与使用瑞星杀毒软件

1. 瑞星杀毒软件简介

瑞星杀毒软件（Rising Antivirus）（简称 RAV）采用取得欧盟及中国专利的六项核心技术，形成全新软件内核代码，具有八大绝技和多种应用特性，是目前国内外同类产品中最具实用价值和安全保障的杀毒软件产品。

2. 瑞星杀毒软件安装与使用

通过如图 1-12 所示的瑞星杀毒官方网站 http://www.rising.com.cn 下载最新版本的瑞星杀毒软件，下面以下载好的瑞星杀毒软件 V16+为例进行安装。

图 1—12　瑞星网首页

1. 安装瑞星杀毒软件

双击瑞星杀毒安装文件 ravv16std.exe，得到如图 1—13 所示的安装界面，请阅读许可协议，并勾上【我已阅读并同意瑞星许可协议】，用户可以选择将瑞星杀毒安装到指定目录下，建议用户按照默认值设置即可，点击【开始安装】，安装程序会开始复制文件，文件复制完成后，不要勾选"启动瑞星注册向导"，单击【完成】按钮，瑞星杀毒就已经成功地安装到用户的计算机上了。

图 1—13　瑞星杀毒安装界面

2. 使用瑞星杀毒软件

如果不是最新版本的瑞星杀毒，可以立即更新瑞星的版本，然后单击如图 1—14 所示的界面中带有闪电图标的放大镜按钮进行病毒快速查杀。

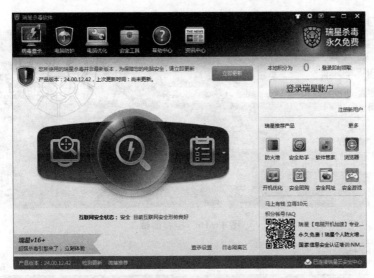

图 1-14　瑞星杀毒软件界面

瑞星杀毒软件 V16+的变频杀毒技术可以智能检测电脑资源占用情况，自动分配杀毒时占用的系统资源，既保障电脑正常使用，又保证电脑安全。也就是说，瑞星能根据用户当前系统的状态，判断出用户正在运行的其他程序，因此自动降低杀毒速度，从而降低杀毒软件的系统资源占用，为用户正在运行的其他程序分配更多的资源，以保证用户在杀毒过程中可以流畅地使用其他软件。

3. 卸载瑞星杀毒软件

如图 1-15 所示，从开始菜单中，点击"开始→设置→控制面板"；在如图 1-16 所示的界面中单击【添加/删除文件】；在如图 1-17 所示的界面中选择程序【瑞星杀毒软件】，单击【更改或删除】；在如图 1-18 所示的界面中选择【开始卸载】，即可进行卸载，卸载完成后，会提示用户重启系统，如图 1-19 所示。用户可根据自己的情况选择是否立即重启。如果用户准备立即重启，请关闭其他程序，保存用户正在编辑的文档、游戏的进度等，点击【完成】按钮重启系统。重启之后，瑞星杀毒卸载完成。

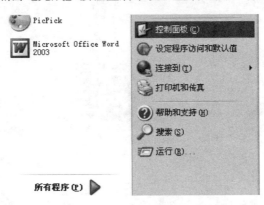

图 1-15　卸载瑞星杀毒方法

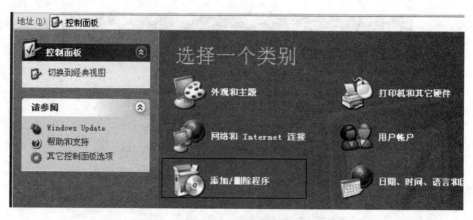

图 1-16 控制面板

图 1-17 添加或删除程序

图 1-18 卸载瑞星杀毒软件

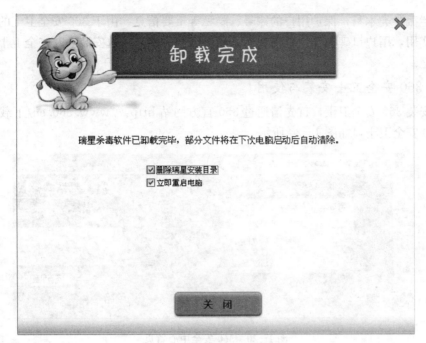

图 1—19 卸载瑞星杀毒软件

1.5 防火墙基本知识

用户在上网冲浪时随时都可能遭到各种恶意攻击，这些恶意攻击可能导致比较严重的后果，例如上网账号被窃取、电子邮件密码被修改、机密档案丢失、隐私曝光等。为了抵御木马等各种恶意软件的攻击，除安装防病毒软件外，很有必要再安装防火墙软件。

简单地说，防火墙是一个位于计算机和它所连接的网络之间的软件。该计算机流入流出的所有网络数据均要经过此防火墙。防火墙对流经它的网络数据进行扫描，这样能够过滤掉一些攻击，以免其在目标计算机上被执行。防火墙还可以关闭不使用的端口，禁止特定端口的数据流出通信，封锁木马。它也可以禁止来自特殊站点的访问，从而防止来自不明入侵者的所有通信。入侵者必须首先穿越防火墙的安全防线，才能接触目标计算机，因此防火墙具有很好的保护作用。防火墙可以配置成各种不同保护级别，较高保护级别的安全性高，但可能会禁止一些服务，例如视频流等。

1.6 360 安全卫士

1. 360 安全卫士简介

360 安全卫士是一款由奇虎网推出的功能强、效果好、受用户欢迎的上网安全软件。360 安全卫士拥有查杀木马、清理插件、修复漏洞、电脑体检、保护隐私等多种功能，并独创了"木马防火墙""360 密盘"等功能，依靠抢先侦测和云端鉴别，可全面、智能地拦截各类木马，保护用户的账号、隐私等重要信息。由于360安全卫士的使用极其方便实用，用户口碑极佳，目前在4.2亿中国网民中，首选安装360安全卫士的已超过3.5亿。

2. 360安全卫士安装与使用

要安装360安全卫士，首先请通过360官方网站 http://www.360.cn/下载最新版本的360安全卫士，如图1-20所示。

图1-20　360安全中心首页

任务　安装与使用360安全卫士

1. 安装360安全卫士

双击360安全卫士安装程序 setup＿9.3.0.2001k.exe，安装程序会开始复制文件。在文件复制完成后，系统会显示安装完成窗口并弹出360安全卫士主界面（如图1-21所示），这样360安全卫士就已经成功地安装到用户的计算机上了。

图1-21　360安全卫士主界面

2. 使用 360 安全卫士

1）电脑体检

电脑体检可以让用户快速全面地了解用户的电脑，并且可以提醒用户对电脑做一些必要的维护。例如木马查杀、电脑清理、系统修复等。打开 360 安全卫士主界面（如图 1-21 所示）点击【立即体验】，体验就会自动开始进行，如图 1-22 所示；完成后点击【自动修复】，如有软件更新则需手动修复。

图 1-22　360 安全卫士"电脑体检"界面

2）木马查杀

该功能可找出电脑中疑似木马的程序并在取得用户允许的情况下删除这些程序。选择"快速扫描""全盘扫描"和"自定义扫描"来检查电脑里是否存在木马程序。如图 1-23 所示。

图 1-23　360 安全卫士"木马查杀"界面

3）系统修复

用户在浏览器主页、开始菜单、桌面图标、文件夹、系统设置等方面发生异常时，可以使用 360 安全卫士的系统修复功能找出问题的原因并修复问题，如图 1-24 所示。计算机操作系统的漏洞可被不法者或者电脑黑客利用，他们通过植入木马、病毒等方式来攻击或控制整个电脑，从而窃取电脑中的重要资料和信息，甚至破坏系统。

图1-24 360安全卫士"漏洞修复"界面

4）电脑清理

系统中的垃圾文件会浪费硬盘空间，拖慢电脑的运行速度。用户可以勾选需要清理的垃圾文件种类并点击"一键清理"，让360安全卫士来做合理的选择，如图1-25所示。

图1-25 360安全卫士"电脑清理"界面

5）优化加速

帮助全面优化电脑系统，提升电脑速度。

6）软件管家

软件管家聚合了许多应用软件，用户可以利用它来方便、安全地下载所需软件。其界面如图1-26所示。

图1-26 360安全卫士"软件管家"界面

360 安全卫士的流量监控器集成了流量管理、网速保护和网络连接查看以及网速测试功能，可以帮助用户随时了解上网流量的动态变化。其开机加速功能，通过比较本机每次开机所需时间以及网络里其他电脑开机的时间来管理开机启动项，使用户的电脑开机更加快速，运行更加流畅。360 安全卫士还有人工远程服务，可以让专业工程师为用户的电脑进行修复，但需收取人工服务费。

3. 卸载 360 安全卫士

在 Windows 的【开始】菜单中，点击"开始→程序→360 安全中心→360 安全卫士"，点击【卸载 360 安全卫士】菜单项。选择【我要直接卸载 360 安全卫士】，单击【开始卸载】，系统提示"你确实要完全移除 360 安全卫士，及其所有的组件?"，选择"是"，卸载程序会开始删除程序文件，单击【下一步】，卸载完成后，会提示用户重启系统。用户可根据自己的情况选择是否立即重启。重启之后，360 安全卫士卸载就完成了。

1.7　金山卫士

金山卫士是一款由金山网络技术有限公司出品的查杀木马能力强、检测漏洞快、体积小巧的免费安全软件。它采用金山领先的云安全技术，不仅能查杀上亿已知木马，还能在 5 分钟内发现新木马；漏洞检测针对 Windows 7 系统而优化，速度更快；更有实时保护、插件清理、修复 IE 等功能，全面保护电脑的系统安全。与同类产品相比，金山卫士体积仅 17MB，是用户上网必备的安全软件。

通过金山卫士官方网站 http://www.ijinshan.com/ws/下载最新版本的金山卫士。

安装、卸载金山卫士的方法请参考 1.3 节金山毒霸杀毒软件的安装与卸载，金山卫士的使用模块请参考 1.6 节 360 安全卫士的使用模块。

1.8　瑞星个人防火墙

瑞星个人防火墙 V16 版属于免费软件。瑞星"智能云安全"系统针对互联网上大量出现的恶意病毒、挂马网站和钓鱼网站等，可自动收集、分析、处理，完美阻截木马攻击、黑客入侵及网络诈骗，具有完备的规则设置，为用户上网提供智能化的整体上网安全解决方案。瑞星个人防火墙 2012 版以瑞星最新研发的变频杀毒引擎为核心，在使电脑得到安全保证的同时，大大降低资源占用，让计算机系统性能更加轻便。

通过瑞星官方网站 http://www.rising.com.cn/可以下载最新版本的瑞星个人防火墙 V16。

安装、卸载瑞星个人防火墙的方法参考 1.4 节瑞星杀毒软件的安装与卸载，瑞星个人防火墙的使用模块参见 1.6 节 360 安全卫士的使用一节。

第 2 章　浏览器与搜索引擎

2.1　浏览器

浏览器是指可以显示网页服务器或者文件系统内的 HTML 文件内容，并让用户与这些文件交互的一种软件。网页浏览器主要通过 HTTP 协议与网页服务器交互并获取网页，这些网页由 URL 指定，文件格式通常为 HTML。

一个网页中可以包括多个文档，每个文档都是分别从服务器获取的。大部分的浏览器都支持除了 HTML 之外的广泛格式，例如 JPEG、PNG、GIF 等图像格式，并且能够支持扩展众多的插件（plug-ins）。另外，许多浏览器还支持其他 URL 类型及其相应协议，例如 FTP、Gopher、HTTPS（HTTP 协议的加密版本）。HTTP 内容类型和URL 协议规范允许网页设计者在网页中嵌入图像、动画、视频、声音、流媒体等。

个人电脑上常见的网页浏览器包括微软的 Internet Explorer、Mozilla 的 Firefox、Apple 的 Safari、Opera、Google Chrome、GreenBrowser 浏览器、360 安全浏览器、蚂蚁安全浏览器（MyIE9）、搜狗高速浏览器、天天浏览器、腾讯 TT、傲游浏览器、百度浏览器、腾讯 QQ 浏览器等，浏览器是最经常使用到的客户端程序。

2.2　IE 浏览器

Internet Explorer，简称 IE，是微软公司推出的一款网页浏览器。IE 使用较为广泛。

IE 是 Windows 操作系统的一个组成部分。从 Windows 95 OSR2 开始，它被集成到 Windows 中，作为 Windows 操作系统中的默认浏览器。本书以 IE 8.0 为例进行介绍。

任务　IE 浏览器的使用

1. 启动 IE

（1）双击桌面上的 IE 图标，如图 2-1 所示。

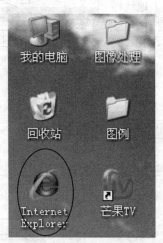

图 2-1　桌面快捷方式启动 IE 浏览器

（2）单击任务栏上的 IE 图标，如图 2-2 所示。

图 2-2　快速启动栏

（3）单击"开始→所有程序→Internet Explorer"，如图 2-3 所示。

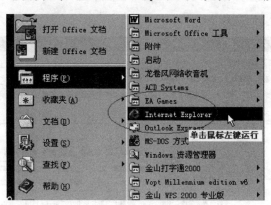

图 2-3　打开 Internet Explorer

2. 认识 IE 浏览器的窗口组成

IE 浏览器窗口的组成如图 2-4 所示。

（1）标题栏：显示浏览器当前正在访问网页的标题。

（2）菜单栏：包含了在使用浏览器浏览时能选择的各项命令。

（3）工具栏：包括一些常用的按钮，如前后翻页键、停止键、刷新键等。

（4）地址栏：可输入要浏览的网页地址。

（5）网页区：显示当前正在访问网页的内容。

（6）状态栏：显示浏览器下载网页的实际工作状态。

图2—4 IE浏览器的窗口组成

3. 浏览网页内容

启动 IE 浏览器，在地址栏中输入网址 www. sohu. com，然后回车，即可打开如图 2—5 所示的页面。如果以前曾经浏览过搜狐网站的内容，也可单击"地址"栏右侧的向下箭头，在弹出如图 2—6 所示的下拉式列表框中选择 http://www. sohu. com/网址，即可打开搜狐主页。

图2—5 搜狐网站主页

图 2-6　地址栏的下拉式列表框

4. 主页设置

方法 1：右击桌面 IE 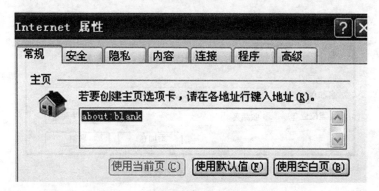 图标，单击【属性】，弹出如图 2-7 所示窗口，在【常规】的【主页】栏中，可以根据自己的喜好设置主页（例如空白页 about：blank）。

图 2-7　"工具"菜单"Internet 选项"

方法 2：启动 IE 浏览器，在【工具】菜单中单击【Internet 选项】，如图 2-8 所示，随后弹出如图 2-7 所示窗口，根据自己喜好设置主页。

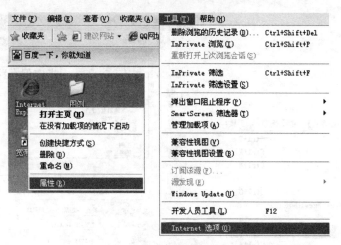

图 2-8　设置 Internet 属性的方法

5.地址收藏

方法1：在如图2-9所示界面中，单击【收藏夹】→【添加到收藏夹】命令，即可弹出如图2-11所示的对话框，单击【添加】按钮进行收藏。

方法2：单击如图2-10所示页面中【收藏夹】→【添加到收藏夹】按钮，即可弹出如图2-11所示的对话框，单击【添加】按钮进行收藏。

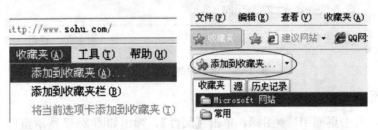

图2-9　收藏地址的方法1　　　　图2-10　收藏地址的方法2

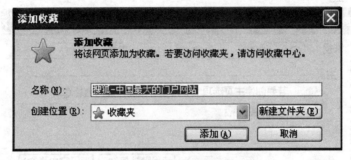

图2-11　添加收藏

6.页面保存

在如图2-12所示界面中，通过点击【文件】→【另存为】命令，可以把网页保存为指定路径下的指定文件类型，如图2-13所示。

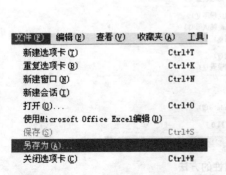

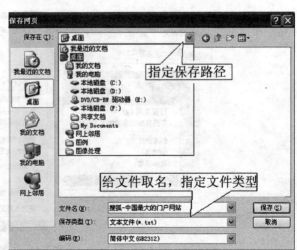

图2-12　保存网页方法　　　　　　　图2-13　保存网页

2.3　其他常用浏览器简介

虽然我们通常使用 IE 来浏览网页，但是由于 IE 8.0 以下的版本（例如常见的 IE 6.0）占用资源多、安全性差、易受攻击等，经常为用户所诟病，由此诞生了其他常用的浏览器。

其他常用浏览器是指非微软公司开发的浏览器，可以在 Windows 系统平台下运行。这些浏览器具有某些 IE 所没有的功能，如屏蔽广告窗口、分屏浏览功能、插件扩展等，安全性有所提高，更方便用户的使用，所以也有很大的发展。最常用的第三方浏览器有 Maxthon 傲游、FireFox 火狐、腾讯 TT 等。

2.4　Maxthon 傲游浏览器

傲游浏览器的前身是 myIE，从 2004 年开始改称傲游（Maxthon）。傲游浏览器（傲游 1.×、2.×为 IE 内核，3.×为 IE 与 Webkit 双核）是一款多功能、个性化多标签浏览器。它能有效减少浏览器对系统资源的占用率，提高网上冲浪的效率。经典的傲游浏览器 2.×拥有丰富实用的功能设置，支持各种外挂工具及插件。傲游 3.×采用开源 Webkit 核心，具有贴合互联网标准、渲染速度快、稳定性强等优点，并支持最新的 HTML5 标准。除了方便的浏览功能，傲游浏览器还提供了大量的实用功能，如多标签浏览、分屏浏览、在线收藏、收集面板、网页嗅探等实用功能。另外还有傲游手机浏览器、傲游平板浏览器等。2012 年 12 月 11 日，傲游浏览器升级为支持多平台的云浏览器，新版本的浏览器支持云推送、云下载和云引擎等功能。

🔍 任务　安装、设置、使用傲游浏览器

1. 安装傲游浏览器

傲游浏览器是一款免费的浏览器，在网络上可以很容易找得到，本书就以安装傲游浏览器 V4.0.0.2000 正式版为例进行介绍。

首先双击桌面"mx_duotecn"图标，然后在如图 2-14 所示界面里双击傲游浏览器的安装文件，弹出安装界面如图 2-15 所示；单击【下一步】，可以通过【浏览】按钮选择安装路径，单击【安装】按钮，最后单击【完成】按钮完成安装，运行得到傲游浏览器主界面，如图 2-16 所示。

2. 设置傲游浏览器

傲游浏览器安装好以后，用户可以根据自己的操作习惯，进行一些简单设置。

如图 2-17 所示，单击主界面右上方的【菜单】按钮，然后点击【设置】按钮，弹出傲游设置界面，如图 2-18 所示，我们就可以设置主页、搜索引擎、标签栏、地址栏、网页内容的快速保存、鼠标手势、快捷键等内容。

图 2—14　mx _ duotecn 文件夹窗口

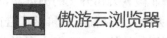

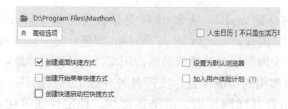

图 2—15　傲游浏览器安装界面

图 2—16　傲游浏览器主界面

图 2—17　傲游浏览器设置

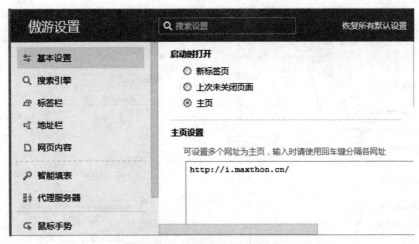

图 2—18　傲游浏览器设置界面

3. 收藏夹的使用

收藏夹是指在上网的时候方便用户记录自己喜欢、常用的网站，把它放到一个文件夹里，想用的时候可以打开找到。

在地址栏输入 http://www.sckjzgdx.com/，回车进入如图 2—19 所示的四川科技职工大学首页，用鼠标点击遨游浏览器中的【收藏夹】按钮，选择【添加到收藏夹】命令，弹出收藏设置提示窗口，如图 2—20 所示；单击【新建文件夹】弹出收藏窗口，可以按类别收藏网址，在如图 2—21 所示的界面中输入文件夹名【练习】，连续单击【确定】完成收藏。

4. 卸载傲游浏览器

从 Windows 的开始菜单中，点击"开始→程序→傲游浏览器"，单击【卸载软件】，根据提示即可完成卸载。

图 2—19　四川科技职工大学首页

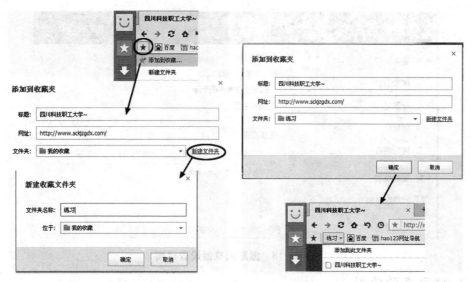

图 2-20　创建"练习"文件夹　　图 2-21　傲游云浏览器中"练习"文件夹

2.5　腾讯 TT 浏览器

　　Tencent Traveler（简称"腾讯 TT"）是由腾讯公司开发的一款集多线程、黑白名单、智能屏蔽、鼠标手势等功能于一体的多页面浏览器，具有快速、稳定、安全的特点。其前身是 2000 年发布的原"腾讯 TE（Tencent Explorer）"，2003 年 11 月 11 日经过改进后，正式推出"腾讯 TT"。和 IE 相比，具有亲切、友好的用户界面，提供多种皮肤供用户根据个人喜好使用。

　　TT 浏览器提供 QQ 账号登录功能，登录之后，用户可以方便、快捷地进入自己的QQ 空间、QQ 邮箱、QQ 会员、QQ 秀等，而更加方便的是允许用户在没有登录 QQ客户端的情况下，也可以在 TT 上登录 QQ 来使用 QQ 网络收藏夹，让用户进行在线收藏。TT 浏览器的大部分功能与前面介绍的两款浏览器类似，如果用户会使用上面介绍的两款浏览器，那么使用腾讯 TT 浏览器也就非常简单。

🔍任务　安装、设置腾讯 TT 浏览器

1. 安装、设置腾讯 TT 浏览器

　　腾讯 TT 可以在腾讯官方网站 http://tt.qq.com/下载，如图 2-22 所示。

　　双击安装文件 TT_Setup_48_1000.exe，按照安装向导，点击【下一步】，同意协议，点击【安装】，在如图 2-23 所示界面中，可以根据自己喜好设置腾讯网是否为主页，即可完成安装。

| 图 2—22　腾讯 TT 浏览器下载页面 | 图 2—23　腾讯 TT 浏览器安装界面 |

　　首次使用 TT 浏览器，可根据设置向导选择个性皮肤、打开和关闭标签的个人习惯、智能屏蔽设置等。用户可利用腾讯的即时通信平台，使用各种终端设备通过互联网、移动网络进行实时交流。TT 浏览器除了传输文本信息、图像、视频、音频及电子邮件外，还提供各种提高网上社区体验的互联网及移动增值服务，包括移动游戏、交友、娱乐信息下载等各种娱乐资讯服务。

　　2. 腾讯 TT 浏览器的特点

● 简单灵动的界面

● 删去复杂的按钮，让用户的浏览器清爽干净，操作简单

● 智能的模式选择

● 对于不同类型的网站，自动选择不同的模式打开

● 最多输入 3 个字母，地址栏就可能猜中用户要访问的站点

登录 QQ 浏览器，就可以自动登录所有网站（如图 2—24 所示）。

图 2—24　腾讯 TT 浏览器

2.6 搜索引擎

搜索引擎是指根据一定的策略，运用特定的计算机程序从互联网上搜集信息，在对信息进行组织和处理后，为用户提供检索服务，将用户检索的相关信息传输到用户的系统。搜索引擎包括全文索引、目录索引、元搜索引擎、垂直搜索引擎、集合式搜索引擎、门户搜索引擎与免费链接列表等。百度和谷歌是搜索引擎的代表。

搜索引擎的工作原理有以下 3 点：

第一步，爬行。

搜索引擎是通过运行一种特定规律的软件来跟踪网页的链接，从一个链接追踪到另外一个链接，就像蜘蛛在蜘蛛网上爬行一样，所以被称为"蜘蛛"，也被称为"机器人"。搜索引擎"蜘蛛"在互联网爬行时，它被设置了一定的规则，需要遵守某些命令或文本的规则。

第二步，抓取存储。

搜索引擎是通过"蜘蛛"跟踪链接爬行到网页，并将爬行得来的数据存入原始页面数据库。其中的页面数据与用户浏览器得到的 HTML 是完全一样的。搜索引擎"蜘蛛"在抓取页面时，也对内容做一定的重复性检测，一旦遇到权重很低的网站上有大量抄袭、采集或者复制的内容，很可能就不再爬行。

第三步，预处理。

这是指搜索引擎将"蜘蛛"抓取回来的页面进行各种步骤的预处理。

（1）提取文字。

（2）中文分词。

（3）去停词。

（4）消除噪音。

（5）去重。

（6）正向索引。

（7）倒排索引。

（8）链接关系计算。

（9）特殊文件处理。

第四步，排名。

用户在搜索框输入关键词后，排名程序调用索引库数据，计算排名显示给用户，排名过程是与用户直接互动的。由于搜索引擎获取的数据量庞大，搜索引擎的排名规则通常根据日、周、月属性进行更新。

第 3 章　即时通讯工具

3.1　即时通讯基本知识

什么是即时通讯？英文为 Instant Messaging，其缩写为 IM，中文翻译成"即时通讯"，根据美国著名的互联网术语在线词典 NetLingo 的解释，其定义如下："Instant Messaging（读成 I-M）缩写为 IM 或 IMing，它是一种使人们能在网上识别在线用户并实时交换消息的技术，被很多人称为电子邮件发明以来最酷的在线通讯方式。"

3.2　腾讯 QQ

QQ 是深圳市腾讯计算机系统有限公司开发的一款基于 Internet 的即时通信（IM）软件。QQ 不仅仅是简单的即时通信软件，它与移动通信公司合作，实现传统的无线寻呼网、GSM 移动电话的短消息互联，是国内最为流行、功能最强的即时通信（IM）软件。腾讯 QQ 支持在线聊天以及即时传送视频、语音和文件等多种多样的功能。同时，QQ 还可以与移动通讯终端、IP 电话网、无线寻呼等实现多种通讯方式互连，使 QQ 不仅仅是单纯意义的网络虚拟呼机，而且也是一种方便、实用、超高效的即时通信工具。

1999 年 2 月，腾讯公司正式推出即时通信软件——"腾讯 QQ"，QQ 在线用户由 1999 年的两人（马化腾和张志东）发展至今，其使用人数超过一亿，是目前使用最广泛的聊天软件之一。

🔍 任务　安装、使用腾讯 QQ

1. 安装腾讯 QQ

进入腾讯软件中心 http://pc.qq.com/下载 QQ2013 正式版 SP6，如图 3-1 所示。然后双击安装文件 QQ2013SP6.exe 进行安装，弹出安装界面，如图 3-2 所示，在安装向导里勾上同意协议，点击【下一步】，根据自己需要设置腾讯附带服务与桌面快捷方式，点击【下一步】，设置程序安装目录为 D：\ Program Files \ Tencent \ QQ，接着开始安装，在安装完成后对是否开机启动、腾讯网是否将设为主页等进行设置，单击【完成】按钮就完成了 QQ2013 版正式版 SP6 的安装。

图 3-1　腾讯软件中心

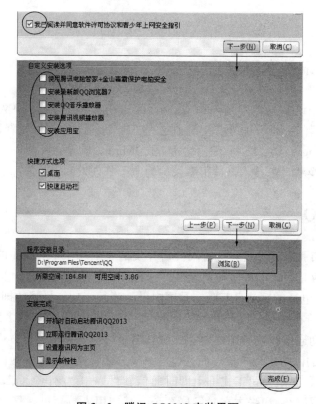

图 3-2　腾讯 QQ2013 安装界面

2. 注册 QQ 号和登录

1）申请免费的 QQ 号码

双击桌面 QQ 快捷方式图标![图标]，进入如图 3-3 所示界面，在 QQ 登录界面中单击【注册账号】按钮进行注册，如图 3-4 所示，输入昵称、密码、性别、生日等资料，单击【立即注册】，申请成功就会获得一个 QQ 号码。

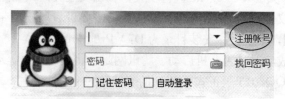

图 3-3　腾讯 QQ2013 登录界面

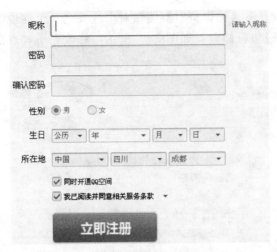

图 3—4 腾讯 QQ2013 注册界面

QQ 号码是用户使用 QQ 时的账号，全部由数字组成，QQ 号码在用户注册时由系统随机选择。1999 年 QQ 刚推出不久时，QQ 号码的长度为 5 位数，而到 2014 年，免费注册的 QQ 号码长度已经达到 10 位数。QQ 号码分为免费的"普通号码"、付费的"QQ 靓号"和"QQ 行号码"，包含某种特定寓意（如生日、手机号码）或重复数字的号码通常作为靓号在 QQ 号码商城出售。QQ 的第一个号码是马化腾所持的号码：10001。

2）登录 QQ

双击桌面 QQ 快捷方式图标![icon]，在如图 3—3 所示的登录界面中输入 QQ 账号与密码，就可以登录 QQ。

3. 信息设置

1）设置个人资料

登录 QQ 后，单击 QQ 面板上【在线状态菜单】右侧的下拉按钮，在弹出的菜单中选择【我的资料】选项，如图 3—5、图 3—6 所示。

图 3—5 腾讯 QQ2013 面板

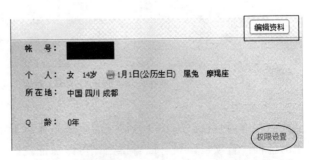

图 3—6 腾讯 QQ2013 面板—我的资料设置

在图 3-6 中可以点击【编辑资料】按钮对个性签名、个性说明、昵称、性别、生日、职业、学历等信息进行修改，如图 3-7 所示，修改完毕，点击【保存】按钮，再点击【关闭】按钮。

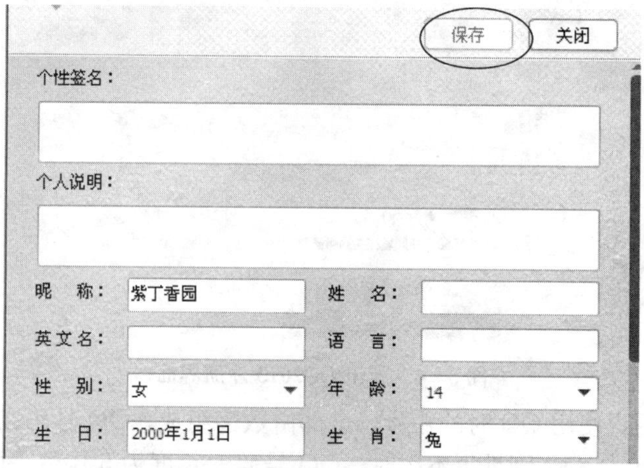

图 3-7 我的资料设置界面

如图 3-8 所示，将鼠标置于头像缩略图上双击，可以设置头像，在如图 3-8 所示的界面中有自定义头像、经典头像、动态头像、QQ 秀头像四个选项。在自定义头像中可以将个人电脑中的图片按照指定大小上传为个性化头像。

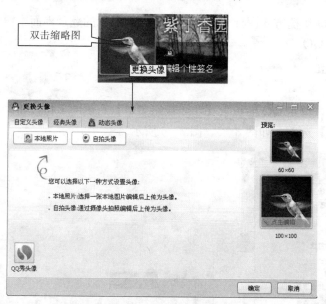

图 3-8 腾讯 QQ2013 面板—更换头像

2）系统设置

我们在申请到自己的 QQ 号码之后，先不要急于和朋友们聊天，需要先了解 QQ 软件中的各种设置项目，只有设置得当才可以保证我们在网上的安全和聊天的方便。腾讯 QQ2013 版的系统设置包括"基本设置""安全设置"和"权限设置"。

登录 QQ 后，选择腾讯 QQ2013 中面板上的"系统设置"命令，弹出如 3-9 所示系统设置中"基本设置"界面。可以对登录状态、主面板、会话窗口、信息展示、提醒、热键、声音、软件更新、文件管理、音视频信息等进行修改。只需打上勾就可以作出多种个性化的设置，例如，"始终保持在其他窗口前段""在任务栏通知区域显示 QQ 图标"等。如果我们将 QQ "在任务栏通知区域显示 QQ 图标"功能的勾去掉，QQ 在运行后不会出现在任务栏中，不过仍然可以通过设置好的系统热键将其呼叫出来。此外，还有一个"关闭好友上线提醒"选项，如果用户的好友太多，又不想被打搅，就勾选此项功能。

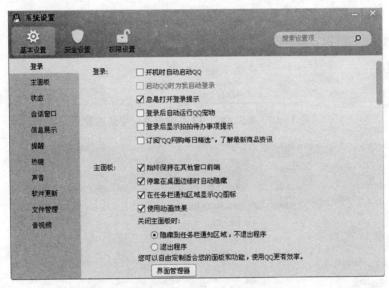

图 3-9 腾讯 QQ2013 系统设置—基本设置

QQ 可以保护用户的 QQ 信息，避免被人窥探，例如用户与网友的对话、用户的其他资料，尤其用户是在公用计算机上使用时更要注意。除了用户的计算机本身的安全措施以外，例如开机密码、屏幕保护密码，还可以在 QQ 内对其进行安全设置。在如图 3-10 所示界面中单击"修改密码""申请密码保护"，就登录到 QQ 安全中心进行密码修改、密码保护。勾选"启用消息记录加密"，输入口令，口令提示问题可选，设置了"启用消息记录加密"以后，启动 QQ 时必须要正确输入密码，万一自己想不起密码可以点击"口令提示"，填入正确答案。如果用户在公共电脑上使用 QQ，最好把"退出 QQ 时自动删除所有消息记录"这个勾选上。

在如图 3-11 所示界面中，"权限设置"主要用来设置谁可以浏览用户的个人资料，"空间隐私"设置访问范围与日志的相关信息。

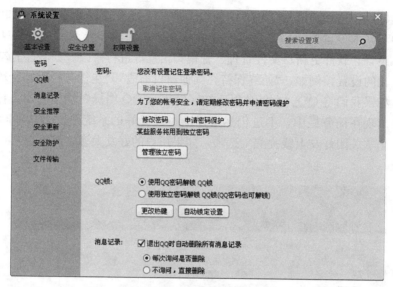

图 3-10　腾讯 QQ2013 系统设置—安全设置

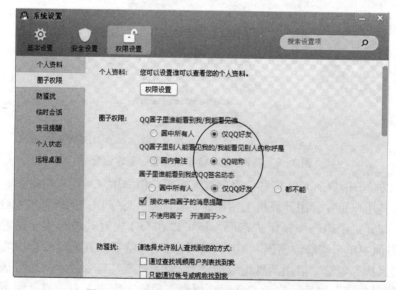

图 3-11　腾讯 QQ2013 系统设置—权限设置

4．查找添加好友和管理好友

1）查找添加好友

用户在第一次使用 QQ 新号码时，好友名单是空的，如果要和其他人联系，必须要添加好友。如图 3-12 所示，在主面板右下角处单击【查找】，打开"QQ 2013 查找联系人"界面，QQ 为用户提供了查找好友的多种方式。

图 3-12 精确查找联系人

在使用"精确查找"时，首先必须知道对方的 QQ 号、邮箱地址、手机号码、昵称，然后再输入相关信息，单击【查找】，会出现要查找的用户，鼠标置于用户图标上时，可以"查看用户资料"，单击"加为好友"按钮，可以将对方加为好友。如果对方设定了需要通过身份验证才能添加为好友的功能，那么需要对方接受请求后，用户才能将对方加为好友。用户可以在验证信息栏输入请求文字，请求对方通过验证，单击【下一步】，完善"备注姓名"和选择好友分组，就完成好友的添加。

如果对方同意被添加时，系统会有相关提示。如果添加好友的请求被拒绝时，那么系统会提示对方不通过身份验证的消息，或者返回一个拒绝理由。

2）将好友移动到某个分组

对好友头像单击鼠标右键，在弹出快捷菜单中选择"移动联系人至"选项，进一步为好友选择分组。用户还可以直接将好友拖入用户希望将其移动到的分组，如图 3-13所示。

3）删除好友

展开好友分组，对选定好友点击鼠标右键，在弹出快捷菜单中选择"删除好友"即可，如图 3-13 所示。

4）选择是否显示全部用户

在好友面板空白处点击鼠标右键，在弹出菜单中选择"显示在线联系人"，如图3-14 所示。

5．设置在线/隐身状态及发送消息

1）在线/隐身状态设置

登录 QQ 后，单击 QQ 面板上"在线状态菜单"右侧的下拉按钮，在弹出的列表框中，可以选择"我在线上""离开""隐身"等某个状态，如图 3-15 所示。

还可以在任务栏上对系统托盘中的企鹅图标点击鼠标右键，在弹出的快捷菜单中完成变换状态的操作，如图 3-16 所示。

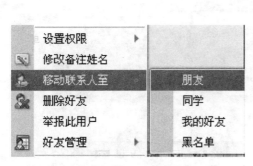

图 3—13　好友移动

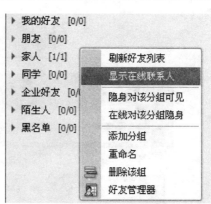

图 3—14　好友显示方式

图 3—15　在线/隐身状态

图 3—16　任务栏右端 QQ 图标

2）发送即时消息

双击好友头像，在弹出的聊天窗口中输入消息，点击"发送"，即可向好友发送即时消息。

3）设置发送消息的快捷键

点击聊天窗口"发送"按钮旁的小三角形按钮，在下拉菜单中选择按"Ctrl＋Enter"键或是按"Enter"键发送消息，如图 3—17 所示。

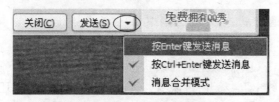

图 3—17　设置发送消息的快捷键

4）消息记录

点击聊天窗口中"消息记录"按钮，即可查看与朋友的聊天记录。

6. 发送和接受文件

用户可以向 QQ 好友传递任何格式的文件，例如图片、文档、音乐等，并支持断点续传，传送大文件也不用担心中途中断。

第一种方法：直接拖拽文件到对方的聊天窗口。有时候我们会碰到速度相当缓慢甚至无法成功的情况，这是怎么回事呢？

首先检查所要传输的文件，如果文件无法传输，那么可能是 QQ 设置里将文件传输的功能禁止了，解决方法是通过 QQ 面板打开 QQ 的"系统设置"中"安全设置"的"文件传输"参数设置，这里面对文件传输的安全级别有着不同的分级，如果设置为高，那么系统会拒绝文件的传输，如图 3—18 所示。

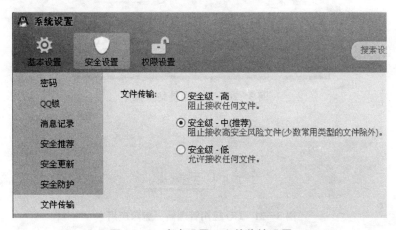

图 3—18　安全设置—文件传输设置

第二种方法：在聊天窗口中选择"发送文件"向好友发送文件，在"打开"对话框选择文件进行传送，如图 3—19 所示。

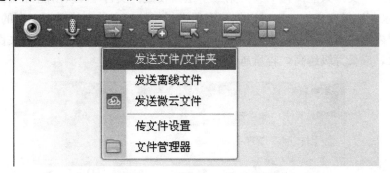

图 3—19　聊天窗口—传送文件

第三种方法：使用 QQ 中转站。QQ 中转站是腾讯公司推出的在线存储服务。服务面向所有 QQ 用户，提供文件的存储、访问、共享、备份等功能。

1）开通 QQ 中转站

登录 QQ，只需要点击 QQ 面板右下角"打开应用管理器"图标后会弹出一个"应用管理器"对话框，在其"个人工具类"中找到"中转站"图标，并点击下方的"添加"进行添加，添加成功后，在 QQ 面板上就会出现中转站图标。如果添加不成功则意味着面板上的应用满了，那么可以找到一个不常用的应用后将其删除即可，如图 3－20、图 3－21所示。

图 3－20　添加中转站步骤

图 3－21　QQ 应用管理器—删除应用

2) 使用 QQ 中转站

点击"中转站"图标后就会弹出如图 3－22 所示窗口。该窗口有两个选项：一个是"中转站文件"，文件只能保存 7 天；第二个是"收藏夹文件"（该功能目前已被微云替代），可以永久地保存文件，还可以创建密码进行保护。文件上传后有一定的保存期限，在保存期限内用户可以下载和查阅。不同会员等级在中转站中拥有不同的文件容量大小和存储期限，成长等级越高，容量越大，存储期限越长。

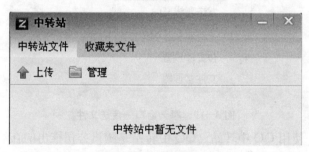

图 3－22　QQ 中转站

使用 QQ 中转站里的文档，方法有两种：①直接双击，就会自动下载该文件，然后再自动打开它；②用鼠标把文件从 QQ 中转站里拖到桌面或自己电脑硬盘的其他地方。

第4章　电子邮件

4.1　什么是电子邮件

电子邮件又称电子信箱（Electronic mail），简称 E-mail，标志：@，也被大家昵称为"伊妹儿"。它是一种用电子手段提供信息交换的通信方式，是 Internet 应用最广的服务，通过电子邮件系统，用户可以以非常低廉的成本（不管发送到哪里，都只需负担网费即可）和非常快速的方式（几秒钟之内可以发送到互联网上任意目的地）与世界上任何一个角落的网络用户联系，这些电子邮件可以是文字、图像、声音等，同时，用户可以通过电子信箱得到大量免费的新闻、专题邮件。

4.1.1　电子邮件的发送和接收

电子邮件在 Internet 上发送和接收的原理，可以很形象地用我们日常生活中邮寄包裹来形容：当我们要寄一个包裹时，我们首先要找到任何某个有这项业务的邮局，在填写完收件人姓名、地址等信息之后寄出包裹，其后包裹到了收件人所在地的邮局，对方取包裹时必须去该邮局才能取出。同样，当我们发送电子邮件时，该邮件由邮件发送服务器发出，根据收信人的地址判断对方的邮件接收服务器并将这封信发送到该服务器上，收信人要收取邮件也只能访问该邮件接收服务器才能完成。

4.1.2　电子邮件地址的构成

电子邮件地址的格式由三部分组成。第一部分"USER"代表用户信箱的账号，对于同一个邮件接收服务器来说，这个账号必须是唯一的；第二部分"@"是分隔符；第三部分是用户信箱的邮件接收服务器域名，用以标志其所在的位置。

4.1.3　电子邮件地址的特点

电子邮件是整个网络中直接面向人与人之间信息交流的系统，它的数据发送方和接收方都是人，所以极大地满足了大量存在的人际通信需求。

电子邮件综合了电话通信和邮政信件的特点，它传送信息的速度既像电话一样快，又能像信件一样使收信者在接收端收到文字记录。电子邮件系统又称基于计算机的邮件报文系统。它参与了从邮件进入系统到邮件到达目的地为止的全部处理过程。电子邮件不仅可利用电话网络，而且可利用其他任何通信网传送。由中央计算机和小型计算机控制的面向有限用户的电子系统可以看做是一种计算机会议系统。电子邮件采用储存－转发方式在网络上逐步传递信息，虽然它不像电话那样直接、及时，但是费用低廉。

4.1.4　电子邮件的选择

在选择电子邮件服务商之前，我们首先要明白使用电子邮件的目的是什么，再根据自己不同的目的进行针对性地选择。

如果经常和国外的客户联系，那么建议使用国外的电子邮箱。例如 Gmail、Hotmail、MSN mail、Yahoo mail 等。

如果只是在国内使用，那么 QQ 邮箱也是很好的选择，拥有 QQ 号码的邮箱地址能让用户的朋友通过 QQ 和用户发送即时消息。当然用户也可以使用别名邮箱。

如果是想当做网络硬盘使用，经常存放一些图片资料等，那么就应该选择存储量大的邮箱，例如 Gmail、Yahoo mail、网易 163 mail、126 mail、Yeah mail、TOM mail、21CN mail 等都是不错的选择。

如果自己有计算机，那么最好选择支持 POP/SMTP 协议的邮箱，可以通过 Outlook、Foxmail 等邮件客户端软件将邮件下载到自己的硬盘上，这样就不用担心邮箱的大小不够用，同时还能避免不法分子窃取密码以后偷看用户的信件。

4.2　QQ 邮箱

QQ 邮箱是由腾讯公司于 2002 年推出，向用户提供安全、稳定、快速、便捷电子邮件服务的邮箱产品，目前已为超过 1 亿的邮箱用户提供免费和增值邮箱服务。QQ 邮件服务以高速电信骨干网为强大后盾，具有独立的境外邮件出口链路，免受境内外网络瓶颈影响。采用高容错性的内部服务器架构可以降低故障，不影响用户的正常使用，让用户随时随地稳定登录邮箱，收发邮件通畅无阻。

🔍 任务　申请、使用 QQ 邮箱

1. 申请、登录 QQ 邮箱

方法 1：如果用户已经有 QQ 号码，可以直接登录 QQ 邮箱，无需注册，使用"QQ 号码@qq.com"作为邮箱地址，在 QQ 面板上点击邮箱快捷方式即可登录，如图 4-1 所示。或者在登录页 http://mail.qq.com/中直接输入 QQ 号码和 QQ 密码即可开通并登录邮箱，如图 4-2 所示。

图 4—1　QQ 面板邮箱快捷方式　　　　图 4—2　网页登录邮箱

方法二：如果用户还未使用 QQ，那么可以直接在登录的主页 http：//mail. qq. com/中注册 QQ 邮箱账号，如图 4—2 所示，单击【立即注册】按钮，输入邮箱账号、昵称、密码、性别、生日等信息后，获得英文名邮箱地址，该邮箱地址自动绑定一个由系统生成的新 QQ 号码，并且作为 QQ 主显账号，可用来登录 QQ。

2. 利用 QQ 邮箱收发邮件

登录 QQ 邮箱后，可以对邮件进行阅读与管理。

1）收邮件

点击 QQ 邮箱界面中【收信】→【收件箱】按钮可以浏览到最近发给自己的邮件，如图 4—3 所示。

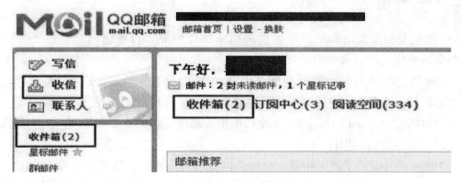

图 4—3　QQ 邮箱界面

2）发邮件

首先进入 QQ 邮箱，点击如图 4—3 所示的【写信】按钮，随后弹出如图 4—4 所示页面，在【收件人】处输入对方的邮箱，在【主题】上输入发送的标题，在【正文】处输入内容。如果需要发送一些文件的话，可以点击【主题】下面的【添加附件】或者【超大附件】添加即可。输入完成后，就可以点击【发送】按钮了。如果需要保存到已发送邮件，点击【其他选项】进行设置；如果要过段时间发送邮件的话，可以将其保存为草稿，点击【存草稿】即可，如图 4—5 所示。

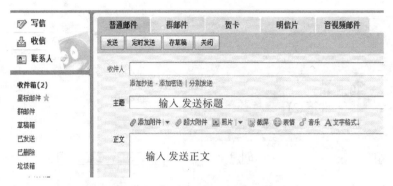

图 4-4　QQ 邮箱写信界面一

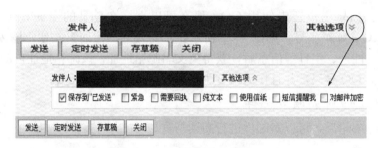

图 4-5　QQ 邮箱写信界面二

4.3　163 邮箱

　　163 邮箱是网易公司向用户所提供的电子邮件服务，目前已拥有超过 2.3 亿的用户，是全球使用人数最多的中文邮箱。

　　163 邮箱拥有 3GB 超大存储空间（可获 512MB 免费网盘），支持超大附件，一次可发送或接收多个附件。它采用分布式系统引擎，确保用户读信、写信、收信等操作过程的响应时间减少一半以上，同时修改和重构了邮件系统的框架和流程，大大提高了界面的友好度和系统的易用性。

　　163 邮箱同时提供了网络相册，在邮箱内专门为用户提供数码照片储存空间。上传照片后，用户可以使用独立域名把照片公开给朋友观看，或者设置浏览权限供部分人浏览；可以使用专用上传工具批量上传照片，可以将电子邮件图片附件直接转存到"我的相册"。

　　163 邮箱有多账号关联服务，无需重新登录就可以切换邮箱。163 邮箱目前可以关联 163 邮箱、126 邮箱、Yeah 邮箱和 188 邮箱。也就是说，网易邮箱可以互相关联。

任务　申请、使用 163 邮箱

1. 申请、登录 163 邮箱

　　在浏览器地址栏输入 163 免费邮的地址 http://mail.163.com/，点击【注册】，进入通行证注册页面，如图 4-6、图 4-7 所示；按页面提示填写邮箱用户名和安全信息等注册信息，创建账号，即可完成注册。注册成功后，用户可以到通行证页面，登录后点击页面"修改个人信息"，填写用户的安全码及注册证件号等信息。

图 4-6　163 免费邮登录页　　　　　　　图 4-7　163 免费邮注册页面

在如图 4-6 所示界面中，输入账号与密码，点击【登录】，就可以对邮件进行阅读与管理。

2. 利用 163 邮箱收发邮件

1）收邮件

点击 163 邮箱界面中【收信】→【收件箱】按钮可以浏览到最近收到的邮件，如图4-8所示。

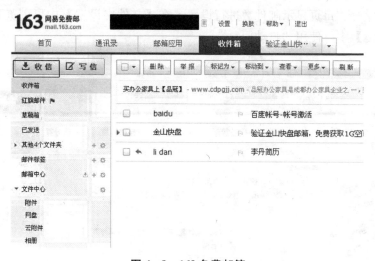

图 4-8　163 免费邮箱

2）发邮件

首先进入 163 邮箱，点击如图 4-8 所示界面中的【写信】按钮，弹出写信界面，如图 4-9 所示。其操作方式同前面 QQ 邮箱。

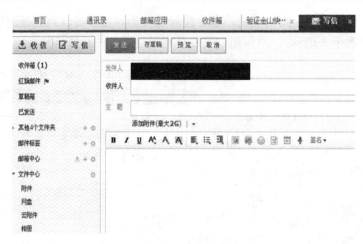

图 4-9　163 免费邮箱写信界面

在正文上输入内容时，可以对文字进行格式设置，添加图片、信纸、表情、日期等等信息，选择不同的信纸和表情，使邮件格式显得活泼，如图 4-10 所示。

图 4-10　163 免费邮箱写信界面按钮使用

3）邮件设置

在如图 4-11 所示页面中，单击【设置】，打开邮件设置页面，在【常规设置】中可对行高、字号、每页显示邮件数进行设置，在【文件夹设置】中可浏览到剩余容量，在【自动回复】中可使用"自动回复"。

图 4-11　163 免费邮箱设置页面

第5章 文件压缩工具

5.1 文件压缩基本知识

5.1.1 压缩文件

压缩文件是将普通的标准文件重新编码，生成一种尽量少占用磁盘空间的文件，这种文件就称为压缩文件。压缩文件可以使文件更小，更易于保存和在网络上传播在电脑中被普遍使用。

"打包压缩"就是使用压缩软件将文件"打包"，把一个或多个文件压缩成一个文件——压缩包。要使用压缩后的文件，必须先解压将文件复原。

5.1.2 压缩基本术语

压缩格式：在压缩文件时使用的压缩编码方法不同，压缩生成的文件结构就不同，这种压缩文件结构就称压缩格式。

压缩比率：文件压缩后占用的磁盘空间与原文件大小的比率称压缩比率。在常用的压缩格式中，RAR 格式压缩比率较高，ZIP 格式较低，但 ZIP 格式的文件操作速度较快。

解压：将压缩文件还原为本来的文件格式，也称释放、扩展。

压缩包：一般将通用压缩格式的文件称为压缩包，如 ZIP 格式压缩文件。这种文件可以在压缩工具的管理下对包中压缩的文件进行管理，如查看、删除、添加等。

打包：将文件压缩成通用压缩格式的压缩包文件称为打包，也指将文件压缩添加到压缩包。

多卷压缩：将压缩的文件包分成几个压缩文件称为多卷压缩，一般是为了将压缩文件储存在多个软磁盘上或方便网上传输。

自解压文件：将文件压缩生成可执行的文件，然后在没有压缩工具的帮助下，通过执行压缩的文件，就可将自己的源文件解压还原出来。

5.1.3 常见压缩文件的格式

压缩文件的格式有很多种，目前流行着的压缩文件格式主要有以下三种。

ZIP：目前最流行的压缩文件格式之一（在日常操作中，除专门的压缩软件之外，许多文件管理程序，如 Windows Commander 等也都支持这两种格式）。我们可利用 WinZip 对 ZIP 文件进行解压、释放等操作，还可以用它来处理 ARJ、ARC、CAB、LZH 等多种不同格式的压缩文件，从而大大地方便了用户的操作。

RAR：一种高效快速的文件压缩格式。WinRAR是在 Windows 下处理 RAR 格式文件的最好工具。RAR 格式的文件在 Internet 上使用非常广泛，已经成为压缩文件的代名词。

CAB：微软公司使用的一种压缩文件格式，主要用于对有关软件安装盘中的文件进行压缩，其特点是压缩率非常高，但一经压缩就不能再进行任何增加、删除、替换等修改，也就是说它的压缩包具有"只读"属性。

另外，MP3、MPEG、JPG 等音频、视频、图像格式的文件也都采用了压缩技术，从理论上来说它们也应该算压缩文件，不过它们所采用的压缩方式并不相同。

5.2　WinRAR

WinRAR 是一款非常好用的压缩工具，它能备份用户的数据，减少用户的 E-mail 附件的大小，将从 Internet 下载的 RAR、ZIP 和其他格式的压缩文件解压，并能创建 RAR 和 ZIP 格式的压缩文件。其特性包括强力压缩、多卷操作、加密技术、自释放模块、备份简易等。

与众多的压缩工具不同的是 WinRAR 沿用了 DOS 下程序的管理方式，压缩文件时不需要事先创建压缩包然后向其中添加文件，而是可以直接创建，此外，把一个软件添加到一个已有的压缩包中也非常容易。

WinRAR 还采用了独特的多媒体压缩算法和紧固式压缩法，这点更是针对性地提高了其压缩率，它默认的压缩格式为 RAR，该格式压缩率要比 ZIP 格式高出 10%～30%，同时它也支持 ZIP、ARJ、CAB、LZH、ACE、TAR、GZ、UUE、BZ2、JAR 类型压缩文件。

任务　WinRAR 的安装、压缩、解压缩

1. 安装 WinRAR

我们可以从 WinRAR 的官方网站 http://www.winrar.com.cn/上免费下载 WinRAR 中文版，双击安装文件 wrar420sc.exe，将会出现 WinRAR 的安装界面，如图 5-1 所示。将路径设置为 D:\Program Files\WinRAR，点击【安装】，系统自动配置文件，一般我们没有必要对如图 5-2 所示界面中的内容进行更改，直接进行安装即可。

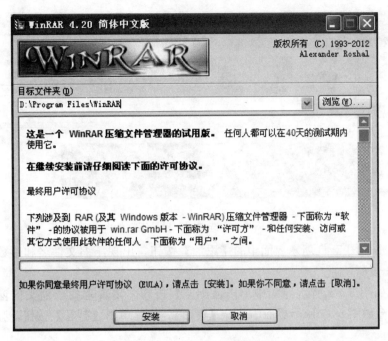

图 5-1　WinRAR 安装界面

2. 压缩文件

我们使用 WinRAR 把 C 盘上的文件夹"jsj"下的所有文件压缩为桌面的"jsj.rar"。如图 5-2 所示为 WinRAR 主界面,我们将在该界面完成操作。

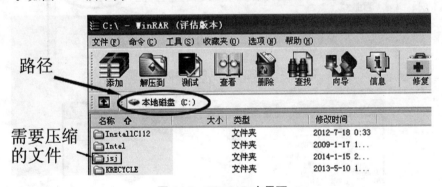

图 5-2　WinRAR 主界面

操作步骤:

(1) 在如图 5-2 所示界面中双击"jsj"目录,就会进入"jsj"目录,如图 5-3 所示。

(2) 在如图 5-3 所示界面中按下 Ctrl+A 快捷键,选中 C 盘"jsj"目录下的所有文件。

图 5-3　全选"jsj"目录下文件

（3）单击如图 5-3 所示界面中的【添加】按钮，出现压缩文件名和参数的设置窗口，如图 5-4 所示。

（4）在如图 5-4 所示界面中单击【浏览】按钮，出现查找压缩文件窗口，如图 5-5 所示。在如图 5-5 所示界面中选择【桌面】，然后单击【打开】按钮，弹出界面如图 5-6 所示。

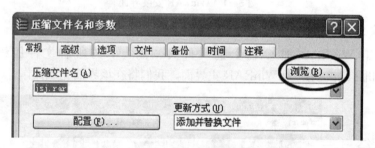

图 5-4　"压缩文件名和参数"设置

图 5-5　"查找压缩文件"窗口

（5）在如图 5-6 所示界面中单击"确定"按钮，系统就会在桌面创建压缩文件 jsj.rar，这个过程是自动进行的，不需人工干预。创建过程完成后，回到如图 5-5 所示的窗口，此时压缩文件已经被建立在桌面。注：单击【设置密码】按钮，弹出对话框，如图 5-7 所示，我们在其中可以为压缩包设置安全密码。

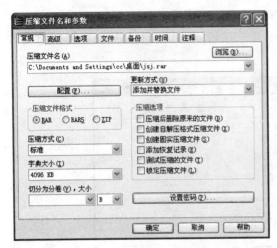

图 5-6　"压缩文件名和参数"设置

图 5-7　压缩文件设置密码

3．解压缩文件

1）方法一

将任务一制作的"jsj.rar"文件解压缩，解压后的文件仍然放在桌面 jsj 文件夹里。

鼠标右击桌面压缩文件"jsj.rar"，弹出快捷菜单，如图 5-8 所示，将鼠标移动到【解压到 jsj\（E)】，系统自动完成解压缩任务。

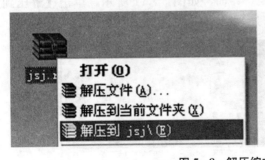

图 5-8　解压缩文件

2）方法二

（1）从程序组中调出 WinRAR，在 WinRAR 主界面中，单击文件菜单，出现下拉框，单击其中的【打开压缩文件（O）】命令，如图 5-9 所示。

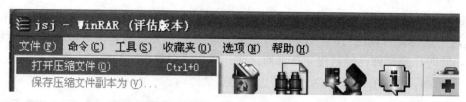

图 5-9 选择"打开压缩文件"命令

（2）弹出查找压缩文件对话框（如图 5-10 所示），在对话框中找到压缩文件"jsj.rar"。

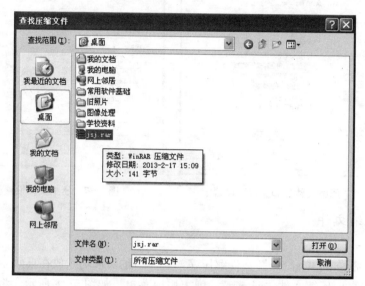

图 5-10 "查找压缩文件"对话框

（3）双击"jsj.rar"文件打开的压缩界面，如图 5-11 所示，单击【解压到】按钮，出现解压路径和选项，如图 5-12 所示。

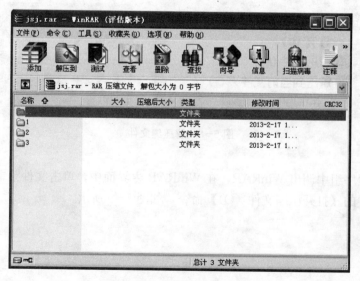

图 5-11 打开的"jsj.rar"

（4）在如图 5－12 所示界面中输入存放路径，单击右下方的【确定】按钮。
"jsj. rar"中的所有文件即被释放到桌面"jsj"目录下。

图 5－12　解压路径和选项

5.3　2345 好压

2345 好压软件（HaoZip）是功能比较强大的免费压缩文件管理器。软件功能包括
强力压缩、分卷、加密、自解压模块、智能图片转换、智能媒体文件合并等。它支持鼠
标拖放及外壳扩展，使用简便，配置选项不多，仅在资源管理器中就可完成用户想做的
所有与压缩操作有关的工作；具有估计压缩功能，可以在压缩文件之前得到三种压缩方
式下的大概压缩率；还有较强的历史记录功能。

任务　2345 好压的安装、压缩、解压缩

1. 安装 2345 好压

用户可以从 2345 好压的官方网站 http://www. haozip. com/上免费下载 2345 好压
V4. 2 版，双击安装文件 haozip ＿ v4. 2. exe，将会出现安装界面，同意协议，将路径设
置为 D：\ Program Files \ HaoZip，如 5－13 所示。根据需求勾选相关选项，单击【立
即安装】按钮系统自动配置文件，最后单击【完成】按钮，即完成了 2345 好压的安装。

2. 压缩文件

鼠标右击需要压缩的文件夹"C：\ jsj"，弹出快捷菜单，如图 5－14 所示，可以选
择【添加到压缩文件（A）】，在文件名栏里可以变更压缩后的文件名；单击【浏览】，

可以设置压缩文件所在路径。选择【密码】选项卡，可以为压缩文件包设置密码。

也可以直接选择【添加到"jsj.zip"（T）】，系统就自动在同一路径下创建压缩文件"jsj.zip"，如图 5-14 所示。

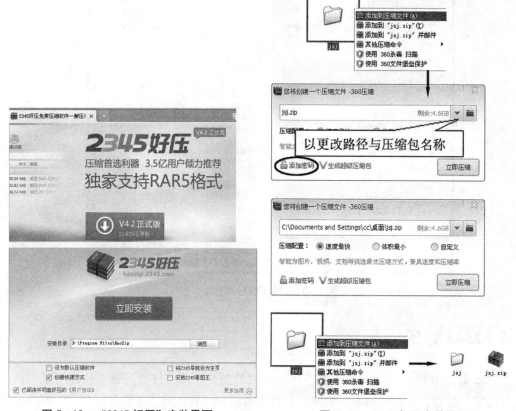

图 5-13   "2345 好压"安装界面一   图 5-14   2345 好压安装界面二

3. 解压缩文件

鼠标右击压缩文件"jsj.zip"，弹出快捷菜单，将鼠标移动到【解压到 jsj \】，系统自动就完成解压缩任务，生成文件夹"jsj"。

5.4   WinZip

5.4.1   WinZip 简介

WinZip 作为首创且最为流行的面向 Windows 的压缩工具，支持多种方法的压缩与解压缩，几乎支持目前所有常见的压缩文件格式，可以迅速压缩和解压文件以节省磁盘空间，显著减少文件传输时间。WinZip 还全面支持 Windows 中的鼠标拖放操作，用户用鼠标将压缩文件拖拽到 WinZip 程序窗口，即可快速打开该压缩文件。同样，将需要压缩的文件拖曳到 WinZip 窗口，便可对此文件压缩。

5.4.2　WinZip 的使用

WinZip 的使用有三种基本的方法：

（1）使用 WinZip 向导。

（2）在经典模式中使用 WinZip，可以打开 WinZip 并使用它的菜单和工具栏来执行对压缩文档的所有操作。

（3）使用 WinZip 的 Windows 综合特性，包括拖放操作特性和 WinZip 的 Windows 资源管理器接口。这些特性允许从用户的桌面、Windows 资源管理器或"我的电脑"中正确地执行大部分压缩文档经常需要的操作，不需要打开WinZip的主界面。

5.4.3　WinZip 的压缩与解压的操作

（1）建立一个新压缩文件。

（2）打开已有的压缩文件。

（3）向压缩文件中添加文件或文件夹。

（4）删除压缩文件中的文件或文件夹。

（5）解压缩文件或文件夹。

（6）制作自解压文件。

（7）创建分卷压缩文件。

第6章 下载工具

6.1 网络下载知识介绍

6.1.1 什么是下载

下载就是通过网络连接，从其他计算机或服务器上复制或传输文件，保存到本地计算机上的一种网络活动。例如，从 Web 站点下载文件到硬盘上。最简单的下载方法就是使用 IE 浏览器下载，但这样只支持单线程，且一般不能支持断点续传，所以一般都会使用专门的下载工具。

6.1.2 下载的方式与技术

1. Web 下载方式

Web 下载方式分为 HTTP（超文本传输协议）与 FTP（文件传输协议）两种类型，它们是计算机之间交换数据的方式，也是两种最经典的下载方式，该下载方式原理非常简单，就是用户使用 HTTP 或 FTP 协议与提供文件的服务器取得联系并将文件复制到自己的计算机中来，从而实现下载的功能。

2. P2P 技术

P2P 即 Peer to Peer，称为对等连接或对等网络，是一种对等互联网技术。这种下载方式与 Web 方式不同，不需要服务器，不是在集中的服务器上等待用户端来下载，而是分散在所有 Internet 用户的硬盘上，从而组成一个虚拟网络，在用户机与用户机之间进行传播，也可以说每台用户机都是服务器。它采用"人人平等"的下载模式，每台用户机在下载其他用户机里文件的同时，还提供被其他用户机下载文件的用途，所以使用该种下载方式的用户越多，其下载速度就会越快。常见的有 BT 类下载和 eMule（eDonkey）下载。

6.1.3 常见术语

1. Web 下载类术语

1）下载速度和上传速度

网络上文件传送的速度以 kbps 来表示，也就是每秒钟传送多少个千位的信息（k

表示千位，kb 表示的是多少千个二进制位，ps 指的是/s，即每秒）。如果是 kBps，则表示每秒传送多少千字节，1kBps=8kbps。

如今的宽带用户多接入的是 1Mbps、2Mbps 的网络，1MB=1024kB，即网络速度为 1024kbps，转换后的理论数据为：128kB/s。

下载速度：网络数据的下行速度。通常是 kB/s，表示每秒钟下载多少千字节。

上传速度：网络数据的上行流量。

2）多线程下载

线程是程序中一个单一的顺序控制流程，在单个程序中同时运行多个线程完成不同的工作，称为多线程。

多线程下载的原理是这样的：服务器同时与多个用户连接，用户之间共享带宽。如果 N 个用户的优先级都相同，那么每个用户连接到该服务器上的实际带宽就是服务器带宽的 N 分之一。可以想象，如果用户数目较多，则每个用户只能占较少的带宽。

如果通过多个线程同时与服务器连接，那么就可以获取到较高的带宽了。例如原来有 10 个用户都通过单一线程与服务器相连，服务器的总带宽假设为 56kbps，则每个用户（每个线程）分到的带宽是 5.6kbps，即 0.7kB/s。如果用户同时打开两个线程与服务器连接，那么共有 11 个线程与服务器连接，而用户获得的带宽将是(56/11) ×2=10.2kbps，约 1.27kB/s，将近原来的两倍。同时打开的线程越多，所获取的带宽就越大。现在大多数的下载工具软件都是支持多线程的。

目前网络中的服务端为用户提供的连接线程数为 1~10 个，用户可以根据不同的服务端限制，来修改下载工具的下载线程数。

根据下载资源的热门程度，其候选资源数量的不同，该任务下载可用的线程数也会不同，一般可以设置在 35~50 之间，这样的设置不会因用户电脑的连接数过多而导致无法从事其他网络活动。

3）断点续传

对断点续传的理解可以分为两部分：一部分是断点，一部分是续传。

断点的由来是在下载过程中，将一个下载文件分成了多个部分，同时对多个部分进行下载，当在某个时间点上，任务被暂停了，那么此时下载暂停的位置就被称为断点了。

续传就是当一个未完成的下载任务再次开始时，会从上次的断点继续传送。这样如果出现网络故障，可以从已经上传或下载的位置继续开始上传下载，而没有必要从头开始上传下载。这样可以节省时间，提高速度。

4）重试等待时间

当用户建立了某个下载任务后，下载软件会尝试将用户的网络与服务器连接起来，有时候，各种因素的影响会使连接服务器无法成功。本项术语就是指修改重拨的等待时间。

2. BT 下载类术语

BT 是目前最热门的下载方式之一，它的全称为"Bit Torrent"简称，"BT"，中文全称"比特流"，使用 P2P 的下载技术。

1）Torrent 文件（种子文件）

种子文件扩展名为".torrent"，包含了一些 BT 下载所必需的信息：

（1）资源的名称，如果资源是目录形式，那么还有目录树中每个文件的路径信息和文件名。

（2）如果资源是单个文件，那么还包含这个文件的大小信息；如果是目录形式，那么有目录树中每个文件的大小。

（3）对资源实际文件按照固定大小进行分块后，每块进行 SHA1 hash 运算得到的若干特征值的集合。

（4）Torrent 文件的创建时间、制作者填写的注释以及制作者的信息等。

（5）至少一个有 Announce 地址，对应于 Internet 上部署的一个 Tracker 服务器。

2）客户端（client）

泛指运行在用户自己电脑上的支持 BitTorrent 协议的程序。

3）Tracker 服务器

Tracker 是指运行于服务器上的一个服务程序，也称 Tracker 服务器。这个程序能够追踪有多少人同时在下载或上传同一个文件。客户端连上 Tracker 服务器，就会获得一个正在下载和上传的用户的信息列表（通常包括 IP 地址、端口、客户端 ID 等信息），根据这些信息，BT 客户端会自动连接别的用户进行下载和上传。

4）种子（seed）

在制作完 Torrent 文件后，发布者可以使用 BitTorrent 下载客户端发布种子，它们将会被加进 Tracker 服务器的列表，其他人就可以从他那里下载文件了。已经下载的部分会作为资源来共享，也就是说，用户下载的同时也在上传，也在给别人提供下载。

3. 电驴（eDonkey）/（eMule）下载类术语

电驴下载是基于 P2P（点对点网络）技术的一种下载方式，英文名为"eDonkey"。电驴和同样采用 P2P 技术的 BT 下载相比，其优点是服务器较稳定、下载资源的时效性长，缺点是下载资源不如 BT。

eMule 将 eDonkey 的优点及精华保留下来，并加入新的功能以及使图形界面变得更友好。这就是 eMule 电驴。我们常见的是 VeryCD 中文版 eMule，它继承了英文版的所有特色，并在贴合中国网民使用习惯的基础上汉化了 eMule。eMule 不需要种子文件，它只要一个 mule://的链接就可以了。

6.2 快车 FlashGet

快车 FlashGet 是一款流行的下载工具，也叫网际快车，其早期的名字为 JetCar。它采用多服务器超线程技术，全面支持多种协议，兼容 BT、传统（HTTP、FTP 等）等多种下载方式，具有优秀的文件管理功能。

FlashGet 通过把一个文件分成几个部分同时下载，可以成倍地提高下载速度（下载速度可以提高 100%到 500%）。FlashGet 可以创建不限数目的类别，每个类别指定单独的文件目录，不同的类别保存到不同的目录中去。强大的管理功能包括支持拖拽、更名、添加描述、查找、自动重命名等，而且下载前后均可轻易地管理文件。

任务　快车 FlashGet 的安装、使用

1. 安装快车 FlashGet

用户可以从 FlashGet 的官方网站 http:// www.flashget.com/cn/ 上免费下载 FlashGet，如图 6－1 所示。双击安装文件 flashget 3.7.0.1219cn.exe，将会出现 FlashGet 3.7 版的安装界面，点击【我接受】，然后不断点击【下一步】，其间可将路径设置为 D:\Program Files\FlashGet Network\FlashGet 3，取消各种推荐软件的勾选，如图 6－2、图 6－3、图 6－4 所示，最后单击

图 6－1　FlashGet 官方网站

【完成】，即完成了 FlashGet 3.7 的安装。FlashGet 3.7 的下载主页面如图 6－5 所示，可对存储文件路径进行设置及测试网速。

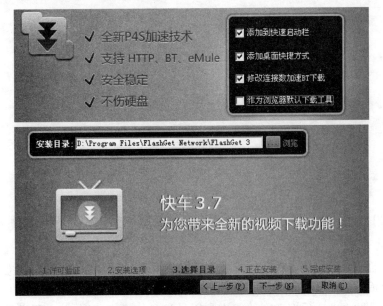

图 6－2　FlashGet 安装界面一

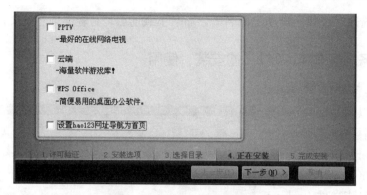

图6-3　FlashGet 安装界面二

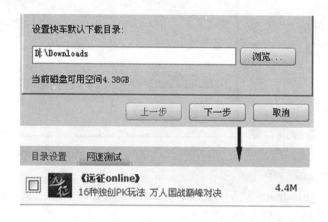

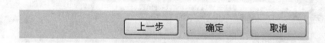

图6-4　FlashGet 目录设置与网速测试

2. 使用快车 FlashGet

1) 下载资源

当用户通过桌面快捷方式或【开始】菜单启动快车 FlashGet 后，系统会弹出快车 FlashGet 界面，如图6-5所示。以在如图6-5所示界面的搜索工具条中输入"容中尔甲"为例，借助百度音乐搜索有关容中尔甲的讯息，弹出如图6-6所示界面，如果想下载"高原红"需要登录百度音乐才可以免费下载标准品质的音乐，如图6-6所示。

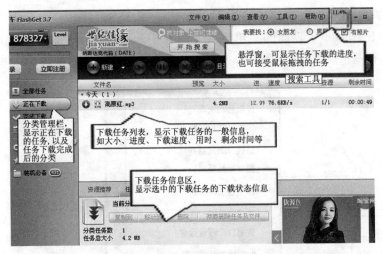

图 6-5　FlashGet 界面

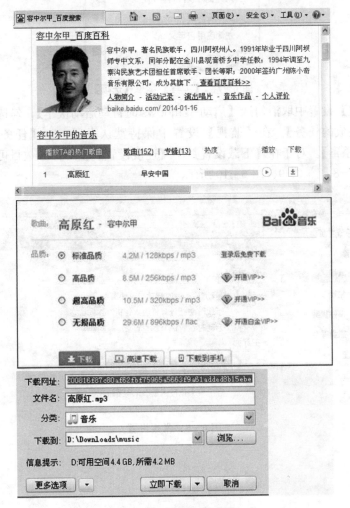

图 6-6　资源下载过程

2）快车 FlashGet 的设置

在快车 FlashGet 主界面的菜单栏【工具】中选择【选项】命令，就可以对快车 FlashGet 进行基本设置、任务管理、下载设置、图形外观设置，如图 6-7 所示。

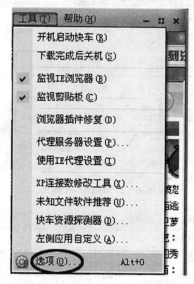

图 6-7　【工具】菜单【选项】命令

在【常规】设置中取消勾选【启动 Windows 时自动启动快车】，勾选【启动快车后自动开始未完成的任务】。在【监视】设置中保持默认设置。在【任务管理】中勾选【下载完成后杀毒】。对于在【下载设置】中【速度设置】里的任务数目可以由用户自行设定，如图 6-8、图 6-9、图 6-10 所示。

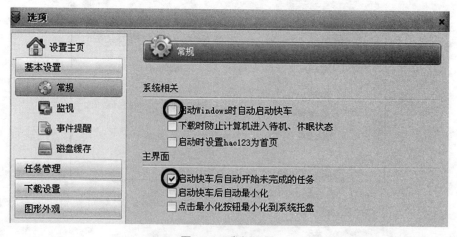

图 6-8　常规设置

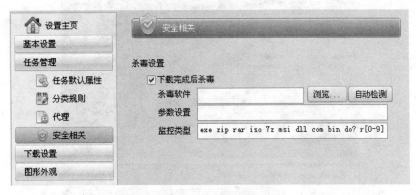

图 6-9　杀毒设置

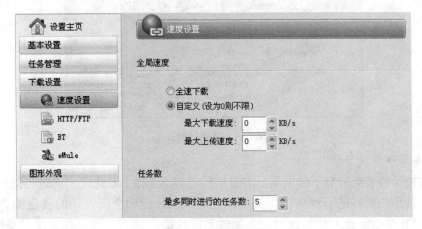

图 6-10　速度设置

6.3　迅雷

迅雷是一款国产的高速下载工具，它采用了 P2SP 下载技术，这种方式实际上是对 P2P 技术的进一步延伸，把原本孤立的服务器资源和 P2P 资源整合到了一起，能够有效降低死链比例，也就是说这个链接如果是死链，迅雷会搜索到其他链接来下载所需的文件，同时迅雷还可以智能分析出哪个节点上传速度最快，来提高下载用户的下载速度。支持各节点自动路由，支持多协议下载，例如 HTTP、FTP、MMS、RTSP、BT、eMule 等协议。

🔍 任务　迅雷的安装、使用

1. 安装迅雷

用户可以从迅雷软件中心 http://dl. xunlei. com/上免费下载迅雷或者迅雷精简版，如图 6-11 所示。

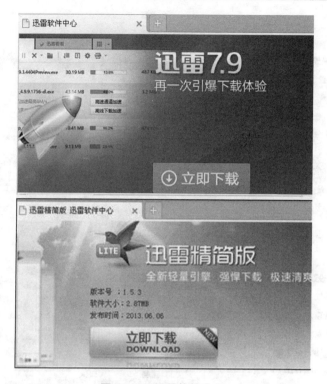

图 6-11　迅雷软件中心

1）安装迅雷精简版

迅雷精简版装载轻量下载引擎，容量虽轻巧却不牺牲下载速度，通过与浏览器结合的模式，给用户更好的下载体验。重点优化的产品性能和全新设计的浅色调界面（皮肤），用户在享受极速下载的同时，不牺牲系统性能，真正实现下载速度、系统性能、流畅上网的合理平衡。

双击安装文件 ThunderMiniInstall. exe，可将路径设置为 D：\ Program Files \ Thunder Network \ MiniThunder，如图 6-12 所示。点击【安装】，系统自动配置文件，最后单击【关闭】，即完成了迅雷精简版的安装。

图 6-12　迅雷精简版安装过程

2）安装迅雷 7.9

双击迅雷安装文件，将会出现迅雷 7.9 的安装界面，点击【接受】，可将路径设置为 D：\ Program Files \ Thunder Network \ Thunder，不勾选【安装百度工具栏】【开机启动迅雷】，点击【下一步】，系统自动配置文件，完成迅雷 7.9 的安装，如图 6-13 所示。然后可对存储目录、热门皮肤进行设置，如图 6-14 所示。

通过【配置中心】可对迅雷 7.9 进行基本设置、任务管理、下载设置。可用不同的方法快速打开配置中心。

方法一：按快捷键"Alt+O"。

方法二：直接点击迅雷 7.9 下载页面的【配置中心】按钮，如图 6-14 所示。

图 6-13　迅雷 7.9 安装过程

方法三：在迅雷 7.9 主界面点开右上角倒三角箭头，在弹出的菜单中点击【配置中心】命令，如图 6-15 所示。

图 6-14　【配置中心】按钮

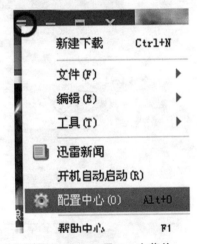

图 6-15　迅雷 7.9 主菜单

迅雷 7.9 的系统设置如图 6-16 所示，对迅雷 7.9 的基本设置请参照 FlashGet 的设置。

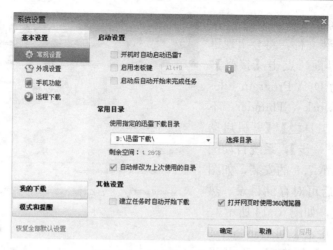

图 6－16　迅雷 7.9 系统设置

2. 迅雷 7.9 的使用

迅雷 7.9 还集成了迅雷看看、迅雷大全搜索、迅雷游戏、迅雷新闻、免费高清下载等多个工具及服务。其界面、功能和操作与 FlashGet 的也基本一样。迅雷采用了 P2SP 技术，下载速度更快。在搜索栏里输入"我的歌声里"，迅雷立刻出现与搜索信息相关的音乐与视频，点击免费【免费下载】按钮，弹出【新建任务】对话框，点击【立即下载】按钮，切换到【我的下载】界面，如图 6－17 所示。

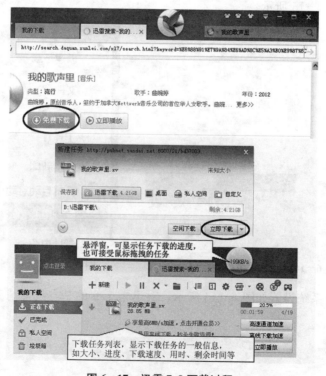

图 6－17　迅雷 7.9 下载过程

　　下载完成后，在迅雷 7.9 主界面里点击下载任务区域的【目录】按钮，即刻转换到迅雷默认的下载路径，如图 6−18 所示。

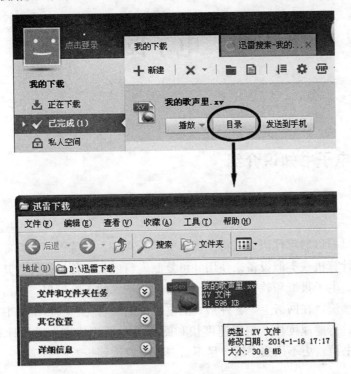

图 6−18　迅雷 7.9 已完成下载的界面

第7章 电子阅读工具

7.1 常见电子书知识介绍

7.1.1 电子书

电子图书是指以数字代码方式将图像、文字、声音、影像等信息存储在磁、光、电介质上，通过计算机或类似设备来使用并可复制发行的大众传播媒介。其类型有电子图书、电子期刊、电子报纸和软件读物等。随着网络技术的不断发展，书籍的无纸化阅读已经成为一种潮流，在网络上，各种格式的电子书随处可见。与传统图书相比，电子书具有传播面广、传播速度快、更新速度快和阅读成本低等优点。通过计算机阅读电子书，不必去图书馆，更不用去书店，足不出户就可以读到想看的书籍。

7.1.2 常见电子书格式

电子书的格式众多，各个公司和机构采用的电子书格式各不相同，下面就为大家简单介绍一下电子书格式以及对应的阅读软件。

电子书的格式可分为通用式和专用式两大类。通用式电子书的使用最为普遍，一般无需专门阅读工具软件；专用式电子书则是某个公司或网站专用的电子书格式，一般需要使用专用的阅读工具软件才能阅读。

1. 通用格式

通用格式电子书是指目前普及率和认知度已经很高的文本格式的电子书。如 TXT（记事本）、HTML（网页文本）、CHM 和 HLP（后两个都是帮助文件形式）格式等都是 Windows 系统中自带的文件格式，用户无需安装任何软件即可直接打开阅读。另外也有一些网站或个人，使用电子书制作软件制作出的电子书是 EXE 格式的，也就是可执行的文件，同样无须任何软件就可以打开阅读。但要注意，CHM 和 EXE 格式都有平台的限制，也就是说一般只有在 Windows 系统下才能运行，在 PDA 或手机等平台下就无法打开了。而 TXT 和 HTML 格式具备通用性，可以跨平台阅读。

2. 专用格式

正规的数字化图书馆或电子书发行网站都会采用专用的电子书文件格式，在网络上大家常常会下载这些类型的电子书，如果不用特定的软件是难以打开的，下面是几种影响比较大、使用比较广泛的格式。

● PDG 格式
● CEB 格式
● CAJ 格式
● WDL 和 WDF 格式

7.2　Adobe Reader

Adobe Reader 是由 Adobe 公司推出的一个 PDF 文档阅读和制作的工具。由于 PDF 格式标准是由 Adobe 公司提出制定的，因此 Adobe Reader 也是最早和知名度最高的一个 PDF 文档阅读器。

PDF（Portable Document Format）文件格式是 Adobe 公司开发的电子文件格式。这种文件格式与操作系统平台无关，也就是说，PDF 文件不管是在 Windows、Unix 还是在苹果公司的 Mac OS 操作系统中都是通用的。这一特点使它成为在 Internet 上进行电子文档发行和数字化信息传播的理想文档格式。越来越多的电子图书、产品说明、公司文告、网络资料、电子邮件开始使用 PDF 格式文件。PDF 格式文件目前已成为数字化信息事实上的一个工业标准。

Adobe 公司设计 PDF 文件格式的目的是为了支持跨平台上的、多媒体集成的信息出版和发布，尤其是提供对网络信息发布的支持。为了达到此目的，PDF 具有了许多其他电子文档格式无法相比的优点。PDF 文件格式可以将文字、字体型号、格式、颜色及独立于设备和分辨率的图形图像等封装在一个文件中。该格式文件还可以包含超文本链接、声音和动态影像等电子信息，支持特长文件，且文件集成度和安全可靠性都较高。

Adobe 公司推出的针对 PDF 文档的处理有两个功能不同的软件：一个是免费的 Reader，只能对 PDF 文档进行阅读；一个是要收费的 Acrobat，它除了能阅读 PDF 文档外，还可以用于生成和编辑 PDF 文档。下面我们只介绍免费的 Adobe Reader。

🔍 任务　Adobe Reader 的安装、使用

1. 安装 Adobe Reader

我们可以从 Adobe Reader 的官方网站 http://www. adobe. com/cn/上免费下载 Adobe Reader XI，如图 7−1 所示。

图 7−1　Adobe Reader 官方网站

双击安装文件 AdbeRdr11000_zh_CN.exe，系统自动读取安装文件，可以【更改目标文件夹】为 D: \ Program Files \ Adobe \ Reader 11.0 \，单击【确定】，也可以跳过更改，直接点击【下一步】，然后单击【安装】，系统自动配置文件，最后点击【完成】，即完成 Adobe Reader 的安装。

2. Adobe Reader 的使用

1）Adobe Reader 的打开

可以双击直接打开 PDF 文件，或双击 Adobe Reader 快捷图标，如图 7-2 所示。

图 7-2 Adobe Reader 的运行方式

Adobe Reader 的操作界面及常用工具栏介绍

在【视图】菜单中【显示/隐藏】命令可以设置 Adobe Reader 的导览窗格、工具栏项目、菜单栏、标尺及网格，如图 7-3 所示。

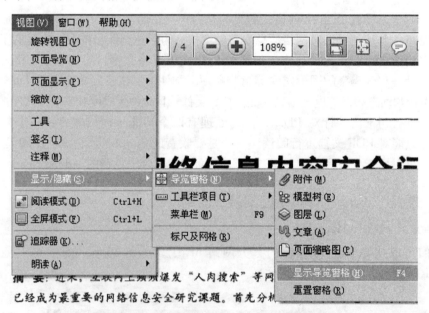

图 7-3 【视图】菜单中【显示/隐藏】命令

在 Adobe Reader 的操作界面中，在工作区左边的导览窗格或浮动窗格中，包括文档的书签、页面缩略图和文章等项目，如图 7-4 所示。

图 7-4　Adobe Reader 操作界面

　　在常用工具栏上点击相应按钮即可浏览文档内容。工具栏各按钮功能如图 7-5 所示。

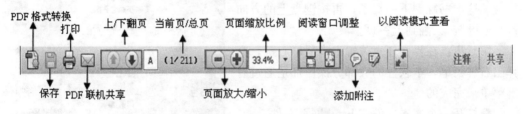

图 7-5　Adobe Reader 工具栏

　　2）阅读文档

　　可以从电子邮件应用程序、文件系统、网络浏览器中或在 Adobe Reader 中选择【文件】菜单中的【打开】按钮或单击工具栏中的【打开】按钮来打开 Adobe PDF 文档。

　　3）复制文档

　　使用鼠标选中对象，单击【编辑】菜单中的【复制】命令可以复制到剪贴板，如图 7-6 所示。然后，我们打开 Word，就可以把剪切板上的内容粘贴到 Word 中，这样，我们就把 PDF 文件中的文字复制到了 Word 中，然后在 Word 中就可以对文字自由地编辑了。

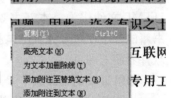

图 7-6　鼠标右击文字界面

7.3　e-Book 电子小说阅读器

7.3.1　e-Book 电子小说阅读器简介

　　以 TXT 或 HTML 格式存储的电子书具备简单容易、文件细小的特点，现在有很多书籍特别是小说是以这种方式存储传播的。虽然这类文件在 Windows 下打开阅读（通过记事本和 IE 浏览器来进行阅读），但总是让人感觉不便，没有捧着书本阅读的感觉。一个名为 e-Book 电子小说阅读软件就应运而生了。现在网络上 e-Book 电子小说阅读器有多个版本，但感觉最好用的还是多年前的 V1.99 版本，它是由个人爱好者编写的共享软件，从网络下载下来就可以直接使用了。

e-Book V1.99 是用 VB5 设计的纯 32 位中文文本文件阅读器，尤其适合于阅读各种文本格式的电子小说文件，它的特点是采用了印刷书籍式的人性化界面，具有内码识别、智能分段、自动翻页、自动朗读、书签、全文检索、目录、书柜、换肤等多种特色功能，是传统书籍与电子小说的完美结合。

7.3.2 e-Book 电子小说阅读器的操作

第一步：按下电脑键盘上的"－"键，用户会发现界面缩小。然后，按下"＝"键，用户会发现界面放大。

第二步：按下键盘上的"空格"键，用户会发现，这本书翻到下一页了；再按键盘上的方向键"←键"，又翻到上一页。

第三步：在界面任意位置点击鼠标右键，会弹出右键菜单，本软件的大部分操作都是通过右键菜单来完成的。

●打开一个文本文件或 html 网页文件

在软件界面任何地方按鼠标右键均可激活弹出式菜单，如图 7−7 所示。在这个菜单中，点击【打开新书】，可以浏览并选择一个 TXT 或 HTML 文件作为一本新书观看。还有一种打开

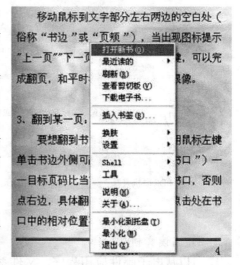

图 7−7 e−Book 操作界面

书籍的方法：打开【我的电脑】，找到一个要看的 TXT 或 HTML 文件，用鼠标拖放到软件界面上即可。

●最近读的书列表

如图 7−7 所示，可看到【最近读的】这个菜单项，它是个展开式菜单，展开后可以看到最近打开的五个文件，最上面的文件是最后打开的文件。直接点击一项，就能立即打开这个文件。点一下【清除记录】就可以清除列表。如果【退出时自动清除记录】处于勾选状态，那么程序退出时会自动的清空文件列表。

●查看剪切板

如图 7−7 所示，点击【查看剪切板】，将会自动把剪切板的文字内容当作书籍打开。看网页电子书的时候特别有用，用户只需要选中网页文字，然后复制文字，再在本软件界面上点【查看剪切板】即可。

●下载电子书

如图 7−7 所示，选择【下载电子书】，将会在软件旁边打开一个侧边栏窗口，稍候

片刻，该窗口会显示出电子书列表供用户下载。注意：该功能需要联网使用，如果用户的电脑没有接入因特网，则该窗口无法显示出电子书列表。

●书签功能

如图 7-7 所示，点击【插入书签】，就会把当前页码作为一个书签记录下来，以后展开【跳转到书签】，选取那个书签，就可以快速地回到该页码处。

●换肤功能

如图 7-7 所示，展开【换肤】菜单，软件里面已经预设了几种皮肤，直接点击，就可以启用新的界面。软件还会记住设置，下次启动时仍然是用户选择的这个皮肤。当然，预设的几种皮肤无法满足所有用户的喜好，所以，用户也可以自己动手制作皮肤。制作方法非常简单，选取 800×600 比例的 BMP 图片一张，最好是比较淡雅、亮度较高的，如果画面太暗太杂，会看不清楚文字，用图像处理软件处理一下，最好做一下伽玛校正，高级用户可以增加一个图层，制作出书本中间的书缝效果。然后点击【选择自定义背景图片】，选取用户制作的 BMP 图片就可以制作出新的背景。

●Shell 功能

如图 7-7 所示，展开【Shell】菜单，点击【用记事本打开】，可以用记事本打开当前文件。这个功能在用户发现文件中有错别字需要修改时非常有用。点击【用关联程序打开】，可以用关联程序打开当前文件，例如，对于网页文件会调用默认的浏览器打开。点击【打开所在的文件夹】，会调用资源管理器，打开文件所在的文件夹。【查看编码信息】，可以查看文件的路径、大小、编码方式等。本软件支持多种编码文件的读取，编码方式可以是：ANSI、Unicode、Unicode Big Endian、UTF-8 等。

●退出

如图 7-7 所示，点击【退出】就可以退出本软件。如果用户正在看某本书，那么并不需要特意插入书签之后才退出软件。软件有一个"自动书签"功能，是不需要做任何操作的，退出软件的时候，"自动书签"会自动开始工作，记录下用户看的文件和位置。下次再打开本软件的时候，会自动打开用户上次看的文件并跳转到上次看的页码。

第8章 多媒体播放工具

8.1 常见音视频知识介绍

8.1.1 音频编码

1. 为什么要进行音频编码

自然界中的声音非常复杂，可以将其视为连续变化的模拟信号。而计算机只认数字信号，因此要将声音从计算机中播放出来，就需要对声音进行数字编码，这就是音频编码。

2. CD Audio

这是音乐唱片 CD 所采用的格式，扩展名是 CDA，记录的是波形流，绝对纯正。但缺点是无法编辑，文件太大，容量为 640MB 的普通 CD 只能存储十来首歌曲。

3. WAV

这是由微软公司开发的一种音频格式，扩展名是".wav"。在 Windows 平台下，基于 PCM 编码的 WAV 能被几乎所有音频软件支持。由于 WAV 本身可以达到较高的音质的要求，因此，WAV 也是音乐编辑创作的首选格式，适合保存音乐素材。基于 PCM 编码的 WAV 也可以作为一种中介格式，常常使用在其他编码的相互转换之中，例如，要将 MP3 转换成 WMA，先将原来的编码转换成 WAV 格式，再转为 WMA 格式。

4. MP3

MP3 是 MPEG Layer 3 的简称，是最流行的音频文件格式。MP3 音频压缩技术是一种失真压缩技术，其原理是把声音频率中人耳几乎听不到的音域在音频中去除，采用高效率的变换编码音频压缩算法对声音进行压缩，从而使得文件体积大为缩小，可达到 12∶1的压缩比。音频文件在经过 MP3 编码软件编码后，每分钟声音的 MP3 文件只有 1MB 左右，这样每首歌曲的大小只有数兆字节，因此使用容量为 640MB 的普通 CD 能存储超过百首的歌曲。

5. WMA

WMA 为 Windows Media Audio 的缩写，是微软公司制定的音乐文件格式。WMA

类似于 MP3，同样是一种失真压缩，损失了声音中人耳极不敏感的甚高、甚低音部分。但与 MP3 相比较起来，仍然具有不少优势。

（1）它具有与 MP3 相当的音质，但容量更小。

（2）更先进的压缩算法在给定速率下可获得更好的质量。

（3）特别适合于低速率传输。

（4）除了损失了的音频成分外，WMA 比起 MP3 在频谱结构上更接近于原始音频，因而有更好的声音保真度。

6. RA

RA 就是 RealAudio 格式，是著名的 Real Networks 公司开发的针对网络媒体的一种音频编码格式，许多音乐网站的在线试听都是采用了 RA 格式。其最大的优点是可以根据网络的带宽来控制自己的码率，在保证流畅的前提下尽可能提高音质。

7. APE

APE 是 Monkey's Audio 提供的一种无损压缩音频格式。这种格式的压缩比虽然远低于其他格式，但能够做到真正无损压缩，因此获得了不少音乐发烧用户的青睐。而且它不是单纯的压缩格式，而是和 MP3 一样可以播放的音频文件格式。

8.1.2　视频编码

1. 视频编码

视频编码的概念与音频编码的概念是相似的，都是对视频信号进行采样、数字化和编码的过程。不同的是其采样方式和编码方式。视频编码考虑的是图像的传输数字化传送，信息量较大，而音频只是正弦波数字化传送。

2. MPEG 标准

MPEG 是 Motion Picture Experts Group 的缩写，它是我们平时所见到的最普遍的一种视频格式。从它衍生出来的格式非常多，包括以 MPG、MPE、MPA、M15、M1V、MP2 等为后缀名的视频文件都是出自这一家族。MPEG 格式包括 MPEG 视频、MPEG 音频和 MPEG 系统（视频、音频同步）三个部分，MP3（MPEG－3）音频文件就是 MPEG 音频的一个典型应用，视频方面则包括 MPEG－1、MPEG－2 和 MPEG－4。

3. MPEG－1

MPEG－1 用得最多的方面就是 VCD，几乎所有 VCD 都是使用 MPEG－1 格式压缩的。MPEG－1 的压缩算法可以把一部 120 分钟长的电影（原始视频文件）压缩到 1.2 GB 左右。利用这种压缩算法制成的文件的后缀名一般为 ".mpg" 或 ".dat"。

4. MPEG－2

MPEG－2 压缩算法应用在 DVD 的制作上，同时也在一些 HDTV（高清晰电视广播）和高标准的视频编辑处理上有较为普及的应用。使用 MPEG－2 的压缩算法制作一部 120 分钟长的电影（原始视频文件），其容量在 4GB 到 8GB 大小，它的图像质量指标是 MPEG-1 所无法比拟的。利用这种压缩算法制成的文件后缀名一般是". vob"。

5. MPEG-4

MPEG-4 是为了播放流式媒体的高质量视频而专门设计的，它可利用很窄的网络带宽，利用各种技术以最少的数据获取最佳的图像质量。使用这种压缩算法可以将一部 120 分钟长的电影压缩至 300MB 左右。MPEG-4 的这种压缩算法被许多编码格式沿用，例如 ASF、DivX、Xvid、MP4（Apple 公司的 MPEG-4 编码格式）等都采用了 MPEG-4 的压缩算法。

6. AVI

AVI 英文全称为 Audio Video Interleaved，即音频视频交错格式，由微软公司推出。所谓"音频视频交错"，就是可以将视频和音频交织在一起进行同步播放。这种视频格式的优点是图像质量好，可以跨多个平台使用；其缺点是体积过于庞大，压缩标准不统一，前后版本不兼容，有时会出现某些不明的问题，但这些可通过下载相应的解码器来解决。

7. RM/RMVB

Real Networks 公司所制定的音频视频压缩规范称为 Real Media（RM）。RM 主要用于在低速率的网络上进行视频数据实时传送和播放，它具有体积小而又比较清晰的特点，但图像质量和 MPEG2、DivX 等相比要差。这种格式的另一个特点是可以在不下载音频/视频内容的情况下实现在线播放。2002 年 Real 公司又推出了它的Real Video 9 编码方式，该技术同上一版相比，画质提高了 30%。使用 Real Video 9 编码格式的文件名后缀一般为". rmvb"，它比 RM 文件有更高的压缩比（同样画质）和更好的画质（同样压缩比）。

8. ASF

ASF 是微软公司为了和现在的 Real Player 竞争而推出的一种视频格式，用户可以直接使用 Windows 自带的 Windows Media Player 对其进行播放。由于它使用了 MPEG-4 的压缩算法，所以压缩率和图像的质量都很不错。利用这种编码方式制成的文件名后缀一般为". asf"。

9. DivX

这是由 MPEG-4 衍生出的一种视频编码标准，它在采用了 MPEG-4 的压缩算法的同时，综合了 MPEG-4 与 MP3 的技术，其画质直逼 DVD，容量只有 DVD 的数分之一。DivX 在生成 MPEG-4 压缩文件时借用了 AVI 文件的扩展名，由于不是标准的 AVI 文件，所以 Windows Media Player 不能播放它们，除非先安装 DivX 解码驱动程序。此外，也可以下载专门的播放器来播放，例如 DivX Player。

10. MOV

MOV 是 Apple 公司专有的一种视频格式，一般需要使用 QuickTime 播放器来播放。某些数码摄像机、手机所拍摄的视频会使用这种格式。

11. WMV

它是微软公司推出的一种采用独立编码方式，可以直接在网上实时观看视频节目的文件压缩格式，其英文全称为 Windows Media Video。

12. 3GP

3GP 是一种流媒体的视频编码格式，主要为了配合 3G 网络的高传输速度而开发，是目前手机中较为常见的一种视频格式。许多具备摄像功能的手机所拍出来的视频短片文件是 3GP 格式的。

8.2　Windows Media Player

8.2.1　Windows Media Player 简介

Windows Media Player 是微软公司基于 DirectShow 技术开发的媒体播放软件，是 Microsoft Windows 的一个组件，通常简称"WMP"，支持通过插件增强功能。它一般集成到 Windows 系统中，不必另外安装。

Windows Media Player 可以便捷快速地执行它的任务，例如可以从音频 CD 中翻录音乐，把文件刻录到 CD，或把媒体文件（包括音频、视频、图片或捕获的电视节目）同步到便携式设备（便携式设备是指可与计算机交换媒体文件或其他数据的移动电子设备，例如我们常见的便携式数字音乐播放机）。

8.2.2　Windows Media Player 11 的使用

1）Windows Media Player 11 的界面

单击【开始】菜单→【所有程序】→【Windows Media Player】，启动 Windows Media Player，如图 8-1 所示。

图 8-1　Windows Media Player 播放界面

2）歌曲播放

单击如图 8-1 所示界面中【文件】菜单→【打开】或【打开 URL】命令，双击指定路径下的歌曲即可播放歌曲，如图 8-2、图 8-3 所示。

图 8-2　选择歌曲界面

图 8-3　播放歌曲界面

3）正在播放功能

当 Windows Media Player 切换到【正在播放】分类视图时，可以点击【正在播放】下方的小箭头，勾选"显示列表窗格"，视图右侧显示播放列表窗格，右侧的播放列表可以随时对当前播放的媒体进行评级，当鼠标移到上方的图片时还能动态显示媒体相关信息。选择【增强功能】→【图形均衡器】，可以得到如图 8-4、图 8-5 所示的界面。

图 8—4　【正在播放】分类视图

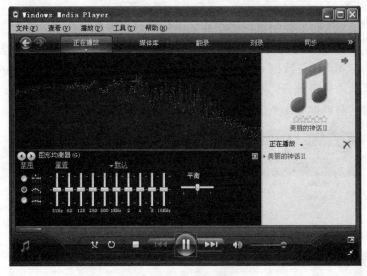

图 8—5　图形均衡器

4）媒体库功能

在媒体库中会列出所播放过的专辑名称以及专辑信息，用户双击专辑名称或图片就可以进入专辑并选择歌曲进行播放。如果将所有常听的歌曲放进媒体库中，那么以后就可以直接从这里调用想要听的歌曲了，比拖拽文件夹方便。媒体库中的专辑支持自动下载专辑图片，方便用户辨认专辑。

在【媒体库】项目下方，都会出现一个小箭头，单击该小箭头，便会弹出相关功能菜单，以供用户进行相关设置，如图 8—6 所示。

图 8-6 　【媒体库】分类视图

5）刻录功能

在需要刻录 CD 时，使用鼠标将唱片集中的歌曲拖拽至"刻录列表"中即可，如果容量不够了，在"刻录列表"中就会出现"下一光盘"的目录，所选择的歌曲就会刻录成两张光盘。音频 CD 与数据 CD 的刻录格式可以通过单击"刻录"下方的小三角来选择，在弹出菜单中进行选择。在 Windows Media Player 界面的右上方还会显示音频 CD 光盘的剩余时间与数据 CD 光盘的剩余容量，如图 8-7 所示。

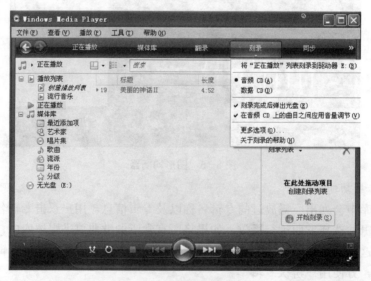

图 8-7 　【刻录】分类视图

Windows Media Player 的刻录功能一直深受用户喜爱，用户只需进行简单地拖拽操作就可以将文件放进刻录列表。为了节省资源，用户可以选择"数据 CD"选项，刻录 MP3 格式的音频数据光盘，它与 CD 格式的音频光盘相比，数据光盘的音频效果会比较差，当然这个是根据用户需要而选择的。

6）同步功能

这是一个方便而又实用的功能，用户可以将 U 盘、移动硬盘、PDA、MP3 等硬件设备连接到电脑，然后使用同步功能进行音频文件的传送。当同步功能所支持的硬件设备连接电脑后，Windows Media Player 就会自动搜索到相关设备，并显示剩余容量，用户在唱片集中选择好歌曲后，只需点击【开始同步】即可同步复制到用户的外接硬件设备中，如图 8-8 所示。

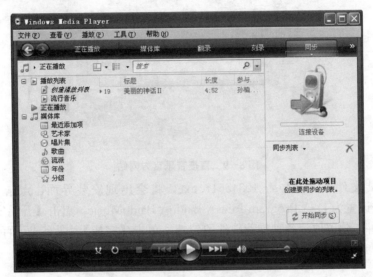

图 8-8　【同步】分类视图

8.3　百度音乐

音乐播放软件"千千静听"曾经风靡一时。"千千静听"已经于 2013 年 7 月正式更名为"百度音乐"，原千千静听网站也已自动跳转至百度音乐界面，客户端同样正式更名为"百度音乐"。此次品牌切换传承了千千静听的优势并增加了独家的智能音效匹配和智能音效增强、MV 功能、歌单推荐、皮肤更换等个性化音乐体验功能。

同时，百度在移动端上推出了百度音乐 APP 4.0 版本，从界面设计、交互体验、歌单内容推荐、独家首发资源体现上均有了质的飞跃，在 Appstore 等第三方平台上获得了很多用户的好评。

任务　安装、使用百度音乐

1. 安装百度音乐

进入百度音乐官方网站 http://music.baidu.com/pc/index.html 下载正式版，如图 8-9 所示。

图 8-9　百度音乐官方网站

　　双击安装文件 BaiduMusic-12345617.exe，将会出现安装界面，点击【自定义安装】，将路径设置为 D：\ Program Files \ Baidu \ BaiduMusic，点击【开始安装】，系统自动配置文件，建议取消各种推荐软件的勾选，单击【完成】，即完成了百度音乐的安装，如图 8-10 所示。

图 8-10　百度音乐安装步骤

2. 使用百度音乐

1）下载歌曲

安装完毕后打开百度音乐，点击【音乐窗】开启音乐窗口，如图 8-11 所示。

图 8-11　百度音乐界面

点击【音乐窗】的【搜索】按钮，输入想要下载的歌曲，然后单击歌曲名进行播放，如图 8-12 所示。

图 8-12　搜索歌曲

在【百度音乐】面板点击下载图标，选择想要下载的歌曲品质，超高品质与无损品质是需要支付费用才能下载的，所以用户选择一般高品质的音乐就行了。选定下载操作后，主界面的右下方会有【我的下载】提示正在下载的歌曲数量，用户可以点击查看下载进度，如图 8-13 所示。

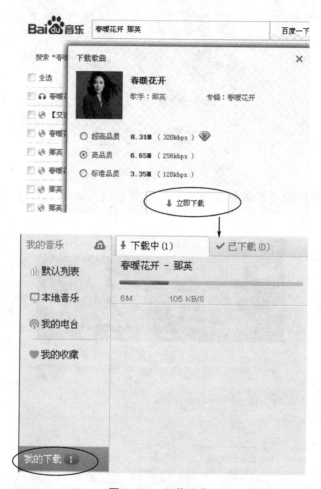

图 8-13　下载歌曲

关于默认下载目录可以通过设置界面来选择，点击主界面上方的设置按钮进入设置界面选择下载设置进行选择，如图 8-14 所示。

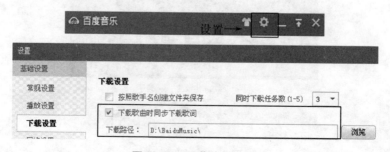

图 8-14　下载路径设置

2）歌词显示、歌词搜索

（1）歌词显示：百度音乐歌词和乐曲可以同步显示，正在播放的歌词会以白色进行显示，如图 8－15 所示。

图 8－15　百度音乐在线歌词

（2）歌词搜索：只要在歌词显示面板单击右键就可以选择在线搜索歌词，百度音乐会自动读取媒体的标签作为搜索条件进行歌词搜索，如图 8－16 所示。

图 8－16　百度音乐在线搜索歌词

3）添加曲目

添加单个曲目：单击【添加文件】，浏览并选择用户想添加的文件，单击确定，如图 8-17 所示。

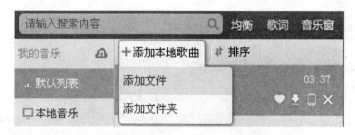

图 8-17　添加歌曲

添加整个目录：单击【添加文件夹】，浏览并选择用户想添加的目录，单击确定，此时整个目录下的所有音频文件均会加入到列表中。

4）创建播放列表

默认情况下，在百度音乐中添加的歌曲会出现在【默认列表】里。用户也可以根据自己的需要将歌曲进行分类，创建不同的列表（如英文歌曲、动漫歌曲等），以便用户更好地欣赏自己喜欢的曲目。

新建列表的方法是在播放列表窗口单击【默认列表】→【新建本地列表】，然后输入列表名称，如"流行音乐"，如图 8-18 所示。

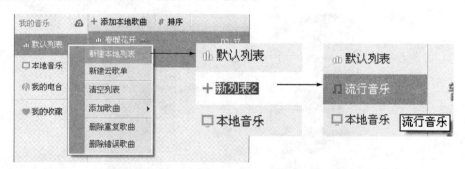

图 8-18　百度音乐创建播放列表

第9章 网络媒体播放工具

9.1 PPTV 网络电视

PPTV 网络电视，别名 PPLive，是由上海聚力传媒技术有限公司开发并运营的在线视频软件。它聚合影视、体育、娱乐、资讯等各种热点视频内容，以视频直播和专业制作为特色，基于互联网视频云平台，通过包括 PC 网页端和客户端、手机和 PAD 移动终端以及与第三方合作的互联网电视和机顶盒等多终端，向用户提供网络电视媒体服务。PPTV 网站拥有超过 3 亿的庞大用户群体，是全球首家突破 800 万人同时在线观看的网络视频直播平台。

PPTV 基于 P2P 技术，较好地解决了网络视频点播服务的带宽和负载有限问题，实现了用户越多、播放越流畅的特性。

🔍 任务 安装、使用 PPTV 网络电视

1. 安装 PPTV 网络电视

进入 PPTV 网络电视 http://www.pptv.com/下载 PPTV 网络电视 V3.4.3 正式版，如图 9-1 所示。双击安装文件 pptvsetup_3.4.3.0048.exe，系统自动检查安装环境，设置程序安装目录为 D：\ Program Files \ PPLive \ PPTV，如图 9-2 所示。单击【立即安装】，其间不勾选各种软件，如图 9-3 所示，单击【下一步】，直到安装结束，就完成 PPTV 网络电视 V3.4.3 版安装。

2. PPTV 网络电视的使用

PPTV 的运行需要首先安装 Windows Media Player 9 、RealPlayer10 或更高版本。Windows Media Player 一般是集成到 Windows 系统中的，不必另外安装。

图 9-1 PPTV 网络电视下载页面

图 9-2 PPTV 网络电视安装界面一

图 9-3 PPTV 网络电视安装页界面二

　　用户可以在 PPTV 网络电视主界面选择要观看的电影或视频节目，也可以通过搜索栏输入节目名称进行查找，如图 9-4 所示。在影片介绍界面单击【马上观看】，就可以观看影视节目，如图 9-5 所示。

图 9-4　PPTV 网络电视主界面

图 9-5　PPTV 网络电视节目介绍界面

　　在观看界面，用户选择要下载的电影或视频节目，点击右键，如图 9-6 所示，从弹出菜单中选择【下载】，在弹出的登录任务对话框中，输入登录名与密码，如果没有注册也可以使用第三方账号登录，例如使用 QQ 账号登录。在【清晰度】选项选择"蓝光"与"超清"时，需要"开通会员"；选择"高清"选项，直接单击【立即下载】就弹出【下载管理】界面。在出现的新建下载任务窗口里，默认将保存到 D：\PPDown-load 文件夹，用户也可以选择希望保存的其他文件夹。

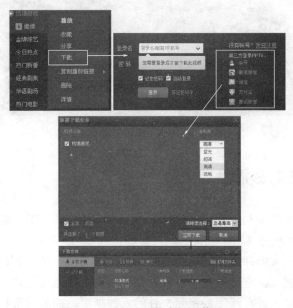

图 9-6　PPTV 网络电视下载过程

可以在【主菜单】→【设置】中修改下载相关的选项，重新指定默认保存路径，如图 9—7、图 9—8 所示。

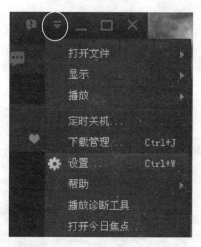

图 9—7　PPTV 网络电视主菜单

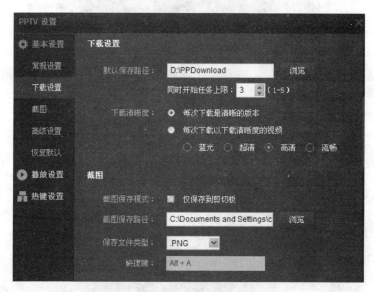

图 9—8　设置界面

9.2　风行网络电影播放器

风行网络电影播放器是一款基于 BT 协议的 P2P 点播软件，也是一款 BT 下载软件，可实现 BT 边下载边观看的功能。

风行建有国内最大的片库，而且速度快，只需缓冲 1~2 分钟即可流畅播放网络视频，实现边下载边观看。它具备在线下载人数越多、下载速度越快的特点，并将该特点进行了进一步的延伸，即在线观看视频文件的人数越多，播放效果越好。不仅如此，它还采用了高效缓冲算法，最大限度保障在线观看 BT 影视资源的流畅度。

任务　安装、使用风行网络电影

1. 安装风行网络电影

进入风行网络电影官方网站 http://www. funshion. com/下载正式版，如图 9—9 所示。

图 9—9　风行下载界面

双击安装文件 FunshionInstall2. 8. 9. 7. exe，点击【自定义安装】，设置程序安装目录在 D：\ Program Files \ Funshion Online \ Funshion，也可以默认安装在 C 盘，单击【一秒安装】，系统自动复制文件，不勾选推荐软件，最后单击【安装完成】就完成了风行网络电影的安装，如图 9—10 所示。

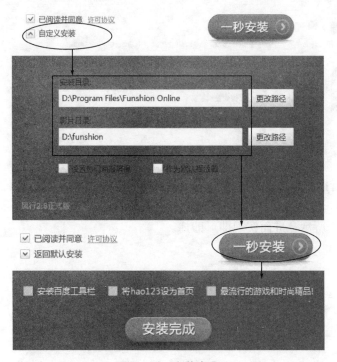

图 9—10　安装步骤

2. 风行网络电影的使用

1）点播并同时下载

启动风行网络电影，选择要观看的电影或视频节目，也可以通过搜索栏输入名称进行查找，如图9-11所示。然后单击【观看】，如图9-12所示，就可以在【播放器】界面观看影视节目。在下载列表中鼠标右击影片弹出快捷菜单，选择【转为下载】，可从观看状态转换为下载状态，如图9-13所示。

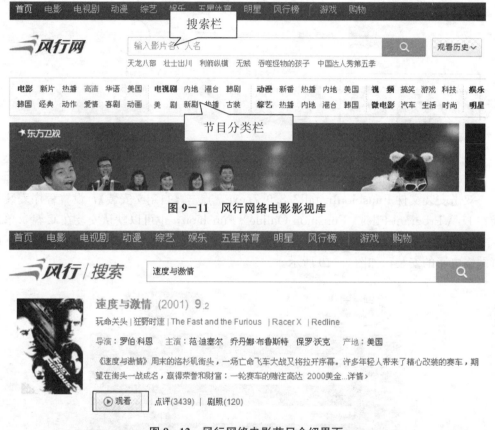

图9-11　风行网络电影影视库

图9-12　风行网络电影节目介绍界面

用户在风行播放界面中单击【主菜单】图标（界面右上方）显示下拉列表，在【设置】→【选项】→【播放设置】→【播放控制】选项卡，选中【开启高清加速】，如图9-14、图9-15所示，进而实现即点即播。

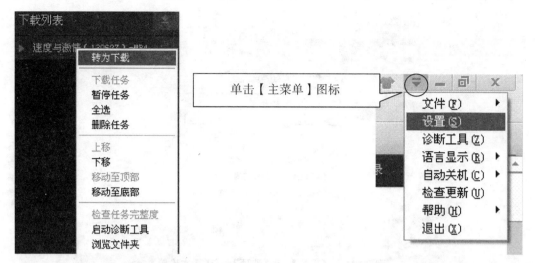

图 9-13　风行网络电影下载列表界面　　　　图 9-14　风行网络电影菜单列表

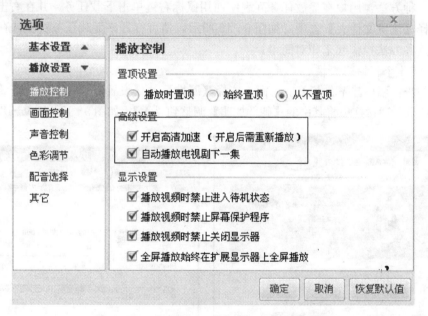

图 9-15　【设置】→【选项】→【播放设置】

　　风行网络电影的特色之一是支持"边观看边下载"，即用户在线点播观赏完一部影片后，对应的电影文件也在后台自动被下载到用户的电脑上，便于用户收藏和进行二次观看。这里给出两种快速打开该电影文件默认下载存放文件夹的方法。

　　第一种方法：用户打开【选项】→【基本设置】→【任务管理】，在其中的【默认媒体文件保存路径】下方全选整个路径文本，如图 9-16 所示，按 CTRL+C 复制路径到剪贴板中，接下来在 Windows 资源管理器中的地址栏中粘贴上述路径地址并按一下回车键，这个电影文件默认下载存放的文件夹就会被立即打开。

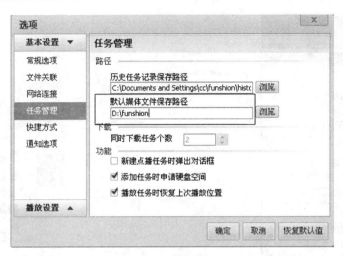

图 9-16　【设置】→【选项】→【基本设置】

　　第二种方法：用户在播放任务列表中使用鼠标右键单击下载任务，并在右击快捷菜单中选择【浏览文件夹】选项，如图 9-13 所示，便可打开该下载任务所默认存放的文件夹。这种方法操作起来相对简单。

　　2）制作个性影视海报

　　第一步：用户首先右键单击桌面，选择【属性】→【设置】→【高级】→【疑难解答】选项卡，通过拖曳将其中的【硬件加速】调整到【无】，如图 9-17、图 9-18 所示。

图 9-17　显示属性对话框　　　　　　图 9-18　【疑难解答】选项卡

　　第二步：当影视画面中出现特别精彩的内容或出现用户觉得精彩画面瞬间，用户可以快速按一下键盘上的【Print Screen】键，将画面截取并复制到剪贴板中，然后打开任意一款看图软件（如"画图"程序）或图像处理软件（如 PhotoShop），将剪贴板中的图像粘贴进来即可进行保存和二次编辑了。

第 10 章　图形图像处理工具

10.1　图形图像基本知识

10.1.1　图形文件的主要格式

图形文件就是图形信息的集合，图形文件的格式是计算机存储这幅图的方式与压缩方法。根据信息存储和处理的方法不同，主要分为位图和矢量图两大类。一般数码相机和扫描仪存储的图形都是位图，常见的有下面 5 种格式：

1. BMP

BMP 是常见的位图格式，是 Microsoft 公司制定的图形文件的位图格式，为 Windows 默认保存的图片格式。以这种格式存储的文件扩展名为 ".bmp"。BMP 格式保存的图像未经压缩，文件比较大，因为要保存每个像素的信息。

2. JPEG

JPEG 是应用最广泛的图片格式，是一般数码相机拍摄照片时储存的格式。以这种格式存储的文件扩展名为 ".jpg"。该格式采用有损压缩技术，将不容易被人眼观察到的图像色彩删除，从而将文件大小大幅度压缩。JPEG 文件保存时可选择不同的压缩比，压缩比越大，图像的质量就越差，保存时应该注意在图像质量和文件大小之间找到平衡点。

3. TIFF

TIFF 是一种跨平台的位图格式，全称是标签图像文件格式，采用的 LZW 压缩算法是一种无损失的压缩方案，常用来存储大幅图片。以这种格式存在的文件扩展名为 ".tif"，是印刷行业中受到广泛支持的图形文件格式。

4. GIF

GIF 的全称是图形交换格式，以这种格式存在的文件扩展名为 ".gif"。它采用非常有效的压缩方法使图形文件的体积大大缩小，并基本保持了图片的原貌。几乎所有图形编辑软件都具有读取和编辑这种文件的功能。

5. PNG

PNG 是一种能存储 32 位信息的位图文件格式，其图像质量远胜过 GIF。与 GIF 不同的是，PNG 图像格式不支持动画。

10.1.2　图片获取的方式

获取图片的方式有多种，一般常用的是直接用数码相机拍摄或通过扫描仪扫描转换而来。扫描仪可以把冲印好的照片、画报、图画等转换成图形文件，以多种的文件格式存储到计算机中，曾经是最主要的图片数码化工具。随着数码相机的普及，数码相机以其方便灵活的特点，成为图片的主要获取途经。数码相机可以直接把景物保存成图片文件，通过数据线或读卡器就能很容易地传送到计算机内。

10.2　光影魔术手

光影魔术手（nEO iMAGING）是一个对数码照片画质进行改善及效果处理的软件，功能强大、操作简单易用，每个人都能制作精美相框、艺术照、专业胶片效果，而且完全免费。不需要任何专业的图像技术，就可以制作出专业胶片摄影的色彩效果，是摄影作品后期处理、图片快速美容、数码照片冲印整理时必备的图像处理软件。比如通过几步简单的操作，光影魔术手就可以完成诸如调整照片某些部位的曝光过度或不足，改变一下色调、尺寸、角度，来个缩放和剪辑，调整白平衡，增加文字说明或打上一个水印、做个边框等的操作。还可以定义自动批处理动作，按一下键就自动完成一系列设定的操作了。

光影魔术手是一款共享软件，可以通过注册成为正式用户，未注册版本在使用中没有任何限制，只是使用时会跳出有关注册的提示框。其下载版本分为安装版和绿色版。安装版是一个自解压压缩文件。绿色版不用安装，直接解压就可以运行。

🔍任务　安装、使用光影魔术手

1. 安装光影魔术手

进入光影魔术手官方网站 http：//www. neoimaging. cn/ 下载光影魔术手，如图10-1所示。这里可以下载最新版本，此处以经典版本为例。

双击安装文件 NeoImaging3.1.2.104.exe，弹出安装界面，按照安装向导，接受协议，不断点击【下一步】，不勾选推荐软件，单击【安装】，系统自动复制文件，最后单击【完成】即完成了光影魔术手

图 10-1　光影魔术手官方网站

的安装。

2. 光影魔术手的使用

双击桌面快捷键图标或通过【开始】→【程序】→【光影魔术手】打开如图 10-2 的操作界面。

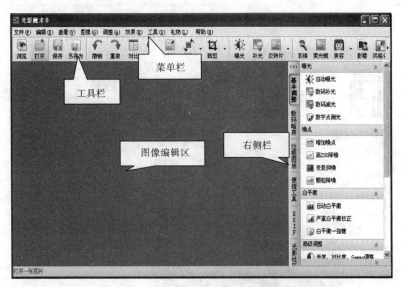

图 10-2 光影魔术手操作界面

1）右侧栏的使用

光影魔术手右侧栏如图 10-3 所示。

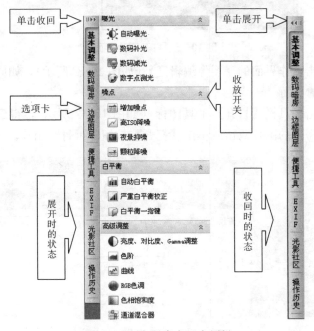

图 10-3 光影魔术手右侧栏

2）浏览图片

方法一：单击工具栏【浏览】工具图标，就会打开类似"资源管理器"的窗口，如图 10−4 所示，在左侧目录树找到存放图片的文件夹，右侧选中需要的图片，双击该图片即在"图像编辑区"打开，如图 10−5 所示。

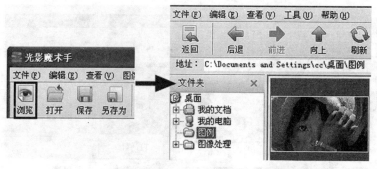

图 10−4　浏览界面

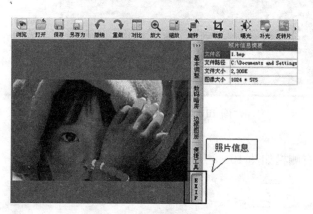

图 10−5　打开图片界面

方法二：双击操作界面的【图像编辑区】（如图 10−2 所示），如同方法一那样得到如图 10−4 所示的界面。

方法三：单击工具栏【打开】工具图标（如图 10−2 所示），得到如图 10−6 所示界面，找到自己需要的图片双击或单击【打开】按钮即可打开图片。

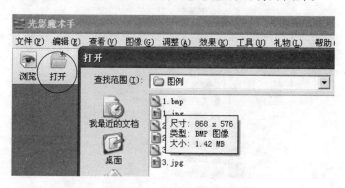

图 10−6　打开图片对话框

3）菜单栏、工具栏的设置

可以在【查看】菜单中进行勾选，用以设置它们是否在界面中出现。

4）图像的缩放

单击【图像】菜单中【缩放】命令、工具栏的【缩放】按钮或右侧栏中【便捷工具】选项卡中【缩放】按钮都可以打开"调整图像尺寸"的对话框来设置图片大小，如图10-7、图10-8所示。如果取消勾选【维持原图片长宽比例】，那么长宽就不是同时缩放了。完成图片的缩放之后，一定要进行保存，才能将修改后的图片保存下来。

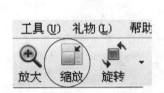

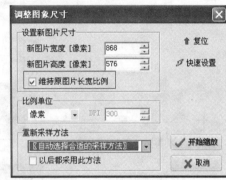

图10-7　图片缩放　　　　　图10-8　调整图像尺寸对话框

5）图像的裁剪

打开被裁剪的图像之后，单击【图像】菜单中【裁剪】命令、工具栏的【裁剪】图标或右侧栏中【便捷工具】中【比例裁剪】图标都可以打开"裁剪"对话框，如图10-9所示。用鼠标在图像上面进行框选，就会画出一个裁剪框，然后调整裁剪框的大小，调到满意的状态，然后单击"确定"就好了。

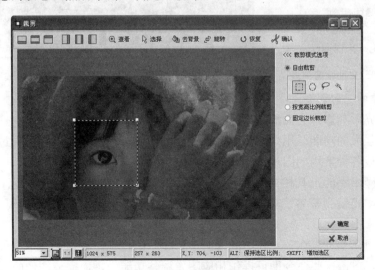

图10-9　裁剪对话框

另外，在光影魔术手中还设有按比例裁剪及按身份证、驾驶证、护照等特定尺寸的裁剪。打开【图像】菜单中【自动裁剪】命令或工具栏内【裁剪】中的列表，如图

10-10所示,都可以打开一个下拉列表,单击表中的某一比例、尺寸或证件,即可按相应的尺寸进行裁剪。

6)图像的旋转

打开被旋转的图像之后,单击工具栏上【旋转】图标→【任意角度】、工具栏内【旋转】中的列表中【自由旋转】或【图像】菜单中【自由旋转】命令,都可以弹出【自由旋转】对话框,如图10-11所示。

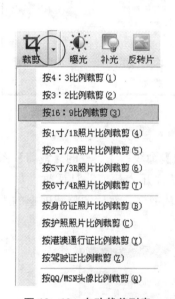

图 10-10 自动裁剪列表

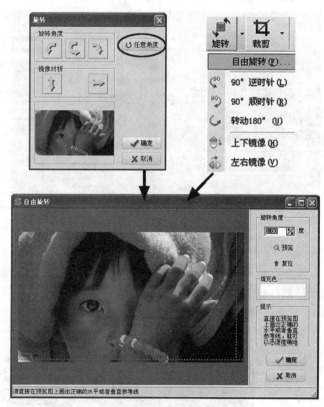

图 10-11 图像的旋转

7)图像的光影调整

对图像光学和影像方面的调整是图像处理的重要内容。光影魔术手在这方面有着简捷的手段和强大的功能。用户不需要掌握专业的图像处理技术,就可以通过简单快捷的操作轻松完成各种常用的图像处理工作。

在光影魔术手的工具栏中有许多常用的调整命令,例如曝光、补光、反转片、彩棒、对焦、柔光镜、美容、影楼、抠图等,单击这些快捷工具图标即可执行相应的功能。

这些快捷命令可以在菜单栏中的【调整】菜单中找到,在这个菜单中包含有很多图像调整命令,单击这些命令即可操作相应图像调整功能,进而完成图像的调整工作。

在【右侧栏】中也包含了这些命令的快捷键,使用起来更方便。

（1）调整图像的曝光。

在拍摄照片的时候，曝光是决定效果好坏的重要因素之一；在调整图像的时候，改善曝光也是首选的手段。光影魔术手在这方面具有完善的功能。它既可以自动调整曝光，也可以多次进行补光，还可以手动完成"数码补光"和"数码减光"的操作。

①在图像编辑窗口中，单击工具栏中的【曝光】按钮即可自动执行曝光调整。

②对于被编辑的图像，可以多次进行补光，单击工具栏中的【补光】即可自动执行一次补光；再次单击，则继续执行补光，根据需要可以多次进行补光。在操作过程中，可以随时单击工具栏中的【撤销】按钮，撤销所作的操作。与原图比较，用户对调整效果满意之后就可保存或者另存编辑的图片。

③在右侧栏的"基本调整"中，有"数码补光"和"数码减光"两项功能。应用这两个命令，可以更方便更有效地调整图像。

（2）应用色阶调整图像。

选择右侧栏中的【色阶】，打开如图10-12所示的"色阶调整"窗口，移动游标进行调整。

色阶是表示图像亮度强弱的指数标准。色阶由直方图来表示。为了更好地理解和应用"色阶调整"窗口，先介绍相关名词再说明操作方法。

色阶：这里指的是"颜色"，但不是指颜色的色彩，而是指颜色的亮度。图像的色彩丰满度和精细度是由色阶决定的。例如显示屏产业的标准有256色、4096色、65536色。

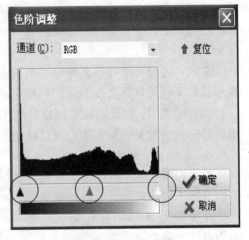

图 10-12　色阶调整

图像的色阶图是判断曝光情况的重要工具，因为"正常"的曝光会拥有合理的、均匀分布的像素值，从而其色阶图也应该是均匀分布的。在图像处理中，调节色阶实质就是通过调节直方图来调节不同像素亮度值的大小，从而改进图像的直观效果。

（3）应用曲线调整图像。

在光影魔术手中的【调整】菜单中有【曲线】命令，通过右侧栏中的"基本调整"能够更方便地启动这个命令，打开"曲线调整"的界面，如图10-13所示。它是对图像进行色彩校正的有效工具，使用起来非常方便，调整效果也很明显。通过多种样式的调整曲线，甚至可能会调整出各种奇特画面。

在"曲线调整"的界面中有一条倾斜的坐标直线。坐标线的横坐标是一个灰度变化的彩条，表示不同亮度的像素点（自左至右亮度值的变化应该是0~255）。

初始状态下是一条倾斜的坐标直线，它代表着被编辑的原图中各种亮度的像素点的亮度值的变化规律：倾斜直线最左下角的一点，代表着亮度值为0（黑点）的像素点（黑点）；倾斜直线最右上角的一点，代表着亮度值为255（白点）的像素点。坐标线（初始状态为直线）上的每一点，都代表着各种亮度值的像素点所对应的亮度值的大小。

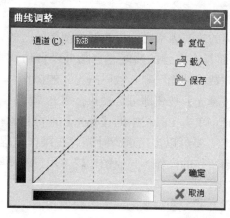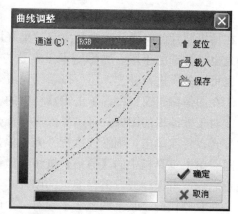

图 10-13　曲线调整

用鼠标在坐标线上单击左键，就会在线上添加一个小方格形的"操作点"，用同样的方法可以添加多个操作点，然后再用鼠标拖动"操作点"。若向上方拖动操作点，则会使坐标线上许多像素点的亮度值增大，使图像变亮；同样的道理，若向下拖动，则图像会变暗。

总之，通过对坐标线多种形式的调整，例如调整部位的不同、调整力度的不同、曲线形状的不同等，都会使图像起到相应的变化，从而产生不同的效果；甚至还可能产生一些独特的画面。另外，如果用户对所作的曲线调整的效果比较满意，希望以后再次应用这样的曲线效果，那么用户可以将这次调整好的曲线进行保存。

8）图像的效果处理

在光影魔术手中，有很多对图像进行效果处理的功能。通过效果处理的艺术手段，可以营造不同的环境，渲染需要的气氛，达到希望的效果。

在光影魔术手中，有很多启动"效果"命令的方式：可以通过点击工具栏按钮操作一些常用的效果处理工具，或者也可以通过打开菜单栏中的【效果】菜单来进行操作，如图 10-14 所示。

在【效果】菜单及其右侧的下级菜单中，包含有全部关于"效果"处理的功能。可以根据需要进行选用。光影魔术手的效果处理功能，被放在"右侧栏"的"数码暗房"之中，并分为胶片效

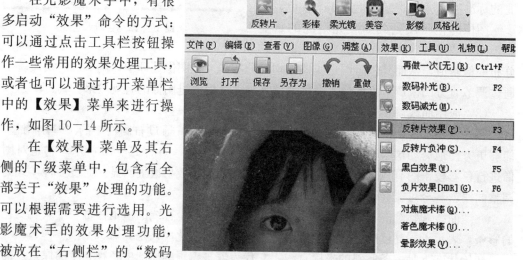

图 10-14　各种效果命令

果、人像处理、个性效果、风格化、颜色变化等 5 类，各个命令都赋以与功能相应的效果图形，既可作为快捷工具图标使用，又能给人以所见即所得的感觉，操作起来方便、

快捷。单击这些功能按钮即可执行相应的命令。

（1）人像美容和柔光镜。

人像美容是对照片中人物的肤色进行磨皮及亮白处理的功能。它适用于以人物面部为主体的照片。

在"人像美容"窗口中，还可进一步通过磨皮力度、亮白、范围 3 个滑块来调整人像美容的参数。每移动一次滑块，都随即进行调整。可以随时对比原图，观察实际效果，调整到满意为止。

在"人像美容"窗口中，选中"柔化"选项，可以对图像加入少许高光柔化和模糊的效果，使图像显得更加光滑细腻和柔化。在光影魔术手中还有"柔光镜"效果处理的功能，也能起到类似的效果。

（2）人像褪黄。

某些数码相机拍摄的照片，经常会出现偏黄的现象。在光影魔术手中，有"人像褪黄"的特效处理功能。

"人像褪黄"功能的特点是它只处理照片中人像的皮肤部分，而除此之外的景物，其颜色不会受到影响。

（3）影楼风格。

影楼拍摄的照片，由于影楼本身的设备先进、光源丰富、环境优越，一般都比较漂亮、优美。利用光影魔术手中的"影楼风格"效果功能，可以将自己的数码照片编辑成具有影楼风格。

单击工具栏中的【影楼】工具或右侧栏的【影楼风格】即可打开【影楼人像】窗口。可以分别选择冷蓝、冷绿、暖黄或者复古，以得到不同色调的照片。

（4）胶片效果处理功能。

在右侧栏【数码暗房】的【胶片效果】分类中，有负片效果、反转片效果、反转片负冲和黑白效果，共 4 项。

在数码相机出现以前，人们使用光学相机通过胶卷进行照相：首先把景物拍摄在胶卷上，然后冲洗成照相底片，这种底片叫做负片。负片的颜色是实际拍摄景物的反转色。要制成照片还要通过相纸重新曝光和冲洗，才能变成与拍摄景物相同色彩的照片。

负片，即普通的照相底片。它是采用负片工艺（C-41 药水）进行冲洗的。

反转片，也叫正片，它是另外一种胶片。这种胶片经过拍摄后，采用反转片冲印的工艺（E-6 药水）直接在胶片上成像。它在冲洗时初显为负像，然后经过中途曝光和再次显影，最终转变成与景物一样的正像。

反转片是用来印制照片、幻灯片和电影拷贝的感光胶片的总称。它能把底片上的负像印制为正像，使影像的明暗或色彩与被拍摄物体相同。

无论是负片还是反转片，都有黑白胶片和彩色胶片之分。

反转片负冲，就是利用反转片的胶片进行拍摄，然后使用负片采用的工艺（C-41 药水）进行冲洗，最终使原来的反转片成为负片型的底片。

反转片负冲在风光摄影的应用上有很好的表现，在人像拍摄上优点也非常突出。不过反转片负冲后，因底片透明度高、反差大，人物的头发、眉毛、眼睛、唇线等边缘色彩的相互渗透较重，近似于国画家在宣纸上重笔浓抹所留下的边缘浸迹，有着很夸张的艺术效果。

9）添加装饰边框

光影魔术手提供了多种形式的边框素材，分为轻松边框、花样边框、撕边边框和多图边框，共有近千种边框图案可供选择。这些边框素材还有随时在线更新的功能，也可以登录到光影魔术手的官方论坛进行自行下载。

可通过工具栏【边框】工具、右侧栏中的【边框图层】选项制作边框，如图10-15所示。

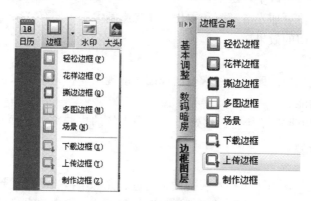

图 10-15 边框命令

（1）添加边框。

打开图片，单击【轻松边框】命令，弹出【轻松边框】对话框，有在线素材、本地素材、内置素材三大类，可对边框文字进行设定，还可以下载更多轻松边框，如图10-16所示。

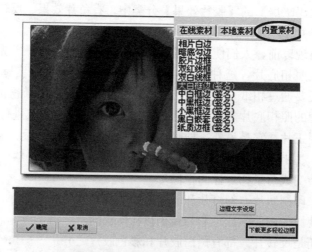

图 10-16 【轻松边框】对话框

制作花样边框、撕边边框和多图边框的方法与制作轻松边框一样。

（2）下载边框。

步骤一：从网上下载各类边框及图形元素压缩包解压后，将文件复制到相对应文件夹下。各类边框素材及图形元素的存放位置如下：

【轻松边框】文件目录 D：\ Program Files \ nEO iMAGING \ EasyFrame

【花样边框】文件目录 D：\ Program Files \ nEO iMAGING \ Frame

【多图边框】文件目录 D：\ Program Files \ nEO iMAGING \ MultiFrame

【撕边边框】文件目录 D：\ Program Files \ nEO iMAGING \ Mask

【日历素材】文件目录 D：\ Program Files \ nEO iMAGING \ calendar

【涂鸦图片】文件目录 D：\ Program Files \ nEO iMAGING \ pictures

【大头贴贴纸】文件目录 D：\ Program Files \ nEO iMAGING \ sticker _ photos

表 10-1 给出了各类素材的文件类型及安装位置，可供安装素材时参考。

表 10-1　各类素材的文件类型及安装位置

素材类型	文件类型	安装位置
轻松边框	*.neoFrame	EasyFrame 文件夹内
花边边框	*.nlf2+ *.jpg	分类文件夹内
撕边边框	*.jpg，*.png	Mask 文件夹内，或分类文件夹内
多图边框	*.nlf3+ *.jpg	分类文件夹内
涂鸦	*.jpg，*.png，*.gif，*.bmp	分类文件夹内
大头贴	*.png	分类文件夹内
日历	*.config+ *.nlc	Calendar 文件夹内

步骤二：打开图片，单击【多图边框】命令，弹出【多图边框】对话框，单击【本地素材】，如图 10-17 所示。在下拉列表中就载入步骤一复制的边框，选择需要的多图边框，单击【确定】就制作好边框了。

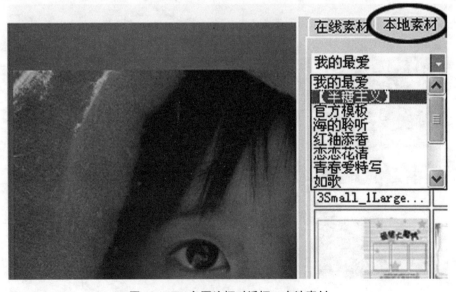

图 10-17　多图边框对话框—本地素材

第11章 翻译工具

11.1 金山词霸

金山词霸是一款免费的词典翻译软件。由金山公司 1997 年推出第一个版本，经过 16 年锤炼，今天已经是上亿用户的必备选择。它最大的亮点是内容海量，收录了 141 本版权词典，32 万真人语音，17 个场景 2000 组常用对话。建议读者在阅读英文内容、英文写作、口语练习、单词复习时使用它。

最新版本还支持离线查询（电脑不联网也可以轻松用词霸）。除了 PC 版，金山词霸也支持 IPhone、IPad、Mac 等系统设备以及 Android、Symbian、Java 等系统环境。可以直接访问爱词霸网站，它的查词、查句、翻译等功能强大，有精品英语学习内容和社区，在这里读者可以学英语、交朋友。

🔍 任务　安装、使用金山词霸

1. 安装金山词霸

进入金山词霸官方网站 http://ciba.iciba.com/下载金山词霸 2012 版，如图11-1所示。

图 11-1　金山词霸官方网站

双击安装文件 PowerWord. 100. exe，将会出现安装界面，勾选同意协议，单击【更改设置】，如图 11－2 所示。根据需要变换路径，不勾选推荐软件，点击【立即安装】，系统自动配置文件，随后完成金山词霸的安装。

2. 金山词霸的使用

双击桌面金山词霸快捷图标，进入金山词霸操作界面，如图 11－3 所示。

1）词典管理

词典功能作为"金山词霸"最核心的功能，包含有智能索引、查词条、查词组、模糊查词、变形识别、拼写近似词、相关词扩展等功能应用。另外，词典查词功能是一种基于词典的查找操作，用户可以到菜单【设置】→【词典管理】中，根据需要对查词词典做一些个性化的设置，如图 11－4 所示。

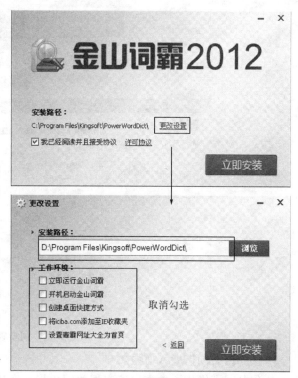

图 11－2　安装界面

（1）智能索引。

智能索引能跟随用户的查词输入，同步在索引词典中搜寻最匹配的词条，辅以简明解释，帮用户迅速找到想要查找的词汇，自动补全。

图 11－3　操作界面

图 11-4　词典管理

（2）相关词扩展（增强）。

金山词霸优化了中文、英文相关词质量，在用户查词过程中会自动寻找同义词、反义词和其他扩展词，支持链接跳查。例如"good"，用户可在查词结果页可同步找到"excellent"等同义词（如图 11-5 所示），及"badness""harmful"等反义词。

图 11-5　相关词扩展

（3）查词条、查词组。

根据用户的输入词，会自动去查找含有这个词的词组或短语。如输入"success"，会同步帮用户找到"success in""success story"等短语用法。

（4）模糊查词。

用户可借助"?""＊"这样的通配符对具体拼写不记得的词条进行模糊查找。例如"success"，可以输入"su?? ess"或"suc＊ss"（"?"代表单个字母或汉字，"＊"代表字符串）查找到该词。

（5）变形识别。

能自动识别单词的单复数、时态及大小写，给出最合适的词条解释。例如
"dictionaries" 会给出 "dictionary"，"searched" 会给出 "search"，"US" 会给出
"US" 与 "us" 的两种解释。

（6）拼写近似词。

如果查单词出现拼写错误的情况，则列出所有拼写近似词供用户选择。

2）翻译功能

金山词霸的翻译功能包括文字翻译和网页翻译。

文字翻译：在原文框中输入要翻译的文字，如图 11－6 所示。选择翻译语言方向，
点击翻译按钮，稍后译文会显示在译文框内。

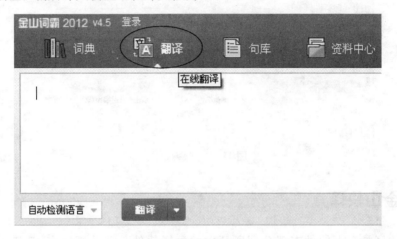

图 11－6　翻译功能

网页翻译：在网址框中输入要翻译的网页，选择翻译语言方向，点击翻译按钮，会
打开此网页（网页中的文字已被翻译）。

3）屏幕取词

取词功能可以翻译屏幕上任意位置的单词或词组，将鼠标移至需要查询的单词上，
其释义将即时显示在屏幕上的浮动窗口中。程序会根据取词显示内容自动调整取词窗口
大小、文本行数等，并且用户可通过取词开关随时暂停或恢复功能。

4）发音功能

金山词霸提供了超强的朗读功能，支持长词、难词真人发音和即时发音。共分为两
种：一种是固定内容的朗读，一种是选中内容的朗读。

固定内容朗读：在查词、查句结果页中点击喇叭按钮或按热键（缺省为 "Ctrl＋
L"，可以通过菜单【设置】→【热键】修改）后可对该词、该句进行朗读。

选中内容朗读：在查词、查句结果页中选中需要朗读的部分，然后按一下鼠标右
键，选择弹出快捷菜单的【朗读】或按朗读热键。

5）生词本

生词本是一款帮助用户记忆生词的工具。

6）迷你词霸

迷你词霸是一款单词记忆类工具，可以不断地显示单词供用户随时记忆，界面小巧，占用系统资源也很小，浮动在桌面最前端，是英语学习者的好伴侣。

7）热键支持

用户可以通过使用不同的快捷键来快速调用相关功能。通过菜单【设置】→【功能设置】→【热键】进行设置，如图 11-7 所示。

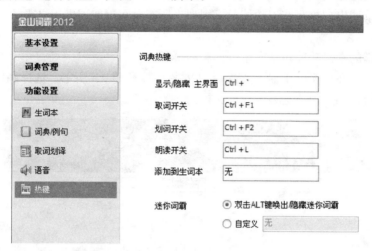

图 11-7　热键设置

11.2　金山快译

金山快译是金山软件有限公司所开发的翻译软件。它采用已有 17 年历史、历经 10 次升级的 AI 人工智能翻译引擎，支持更多的档案格式，包括 PDF、TXT、Word、Outlook、Excel、HTML、RTF 和 RC 格式文件。能直接翻译整篇文章，搭配多视窗整合式翻译平台，是英文/日文网页、Office 文件翻译的首选软件。

新增中文姓名自动判断功能。字库文法全面更新，翻译更智能、质量更高。多达 80 个专业词库，专业翻译更准确。对专业辞书进行了增补修订，实现了针对医学、法律、财经、工商管理、商业等 80 个专业的英汉、汉英翻译特别优化。中英、英中、日中专业翻译更准确，翻译更快速、简单、准确。

任务　安装、使用金山快译

1. 安装金山快译

进入金山快译官方网站 http://ky.iciba.com//下载金山快译个人版 1.0。

双击安装文件 FastAit_Setup.exe，不断单击【下一步】，其中勾选【我接受条款】，变换路径为 D:\Program Files\Kingsoft\FASTAIT_PERSONAL\，然后进行安装，系统自动配置文件，最后单击【完成】即可完成金山快译的安装，如图 11-8 所示。

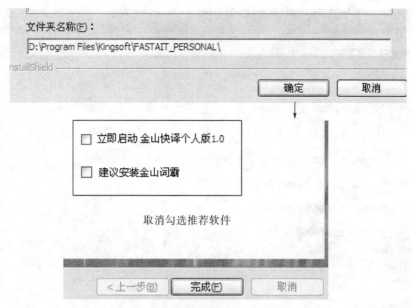

图 11-8　金山快译安装界面

2. 金山快译的使用

双击桌面金山快译快捷图标，在桌面右上方浮现金山快译菜单条界面，如图 11-9 所示。

图 11-9　金山快译浮动菜单条界面

如果在 Word、Excel、Powerpoint 软件里翻译信息，那么需要进行插件设置。如图 11-10、图 11-11 所示。

图 11-10　设置下拉列表

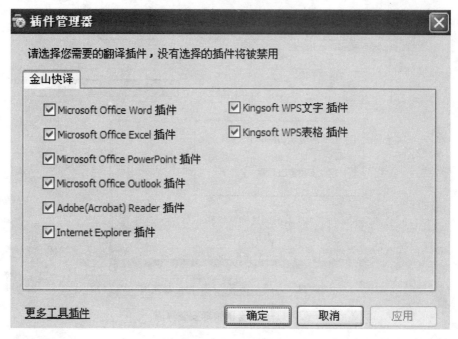

图 11－11　插件管理

设置完成后，打开用户要翻译的软件或文件，点击金山快译菜单条的【翻译】按钮即可进行翻译。